新时代乡村振兴丛书

叶自行　胡桂兵　秦永华　许建楷　罗志达◎编著

无籽沙糖橘

优质早晚熟栽培技术图说

SPM 南方传媒
广东科技出版社
全国优秀出版社
·广州·

图书在版编目（CIP）数据

无籽沙糖橘优质早晚熟栽培技术图说/叶自行等编著. —广州：广东科技出版社，2023.1
（新时代乡村振兴丛书）
ISBN 978-7-5359-7872-1

Ⅰ. ①无… Ⅱ. ①叶… Ⅲ. ①橘—果树园艺—图解
Ⅳ. ①S666.2-64

中国版本图书馆CIP数据核字（2022）第086100号

无籽沙糖橘优质早晚熟栽培技术图说
Wuzishatangju Youzhi Zao-Wanshu Zaipei Jishu Tushuo

出 版 人：严奉强
责任编辑：尉义明 谢绮彤
封面设计：柳国雄
责任校对：李云柯 廖婷婷
责任印制：彭海波
出版发行：广东科技出版社
（广州市环市东路水荫路11号 邮政编码：510075）
销售热线：020-37607413
http://www.gdstp.com.cn
E-mail：gdkjbw@nfcb.com.cn
经 销：广东新华发行集团股份有限公司
排 版：创溢文化
印 刷：广州市东盛彩印有限公司
（广州市增城区太平洋工业区太平十路2号 邮政编码：510700）
规 格：889 mm × 1 194 mm 1/32 印张4 字数100千
版 次：2023年1月第1版
2023年1月第1次印刷
定 价：28.00元

前 言

Qianyan

沙糖橘原产于广东四会，已有400多年的历史，原种是有籽的，单果种子数十几粒，多籽限制了该种的发展。1985年，华南农业大学叶自行、许建楷两位教授在四会进行柑橘种质资源调查时，初步选出了无籽沙糖橘。经过20年的连续选育和推广，于2005年通过广东省科技厅组织的成果鉴定（鉴定证书编号：粤科鉴字〔2004〕330号），2006年通过广东省农作物品种审定委员会的审定，定名：无籽沙糖桔（审定编号：粤审果2006003）（按出版规范要求，“桔”一般用于“桔梗”和“桔槔”，不能作为“橘”的简化字，表示水果时应写作“橘”，因此本书采用“无籽沙糖橘”的写法，与审定名不同）。

新品种综合了柑橘果实的优良性状：色泽鲜红、皮薄起沙、汁多化渣、清甜蜜味、无籽易剥皮，因而得到了迅速发展，成为广东、广西主栽的柑橘品种，也是我国柑橘品种中单一品种种植面积最大、效益很高的品种，创造了很大的经济效益和社会效益。回顾沙糖橘的发展历程，也像其他热销的农作物一样，呈波浪式发展，即从高潮到低潮，又从低潮到高潮的过程。沙糖橘近年来的发展出现10年一个轮回，大约4年的低潮，6年的中、高潮。

我们长期致力于沙糖橘新品种的选育和栽培技术的研究，在新品种选育方面，2006年育成了无籽品种——无籽沙糖橘，2013年育成了晚熟品种——华晚无籽沙糖橘。华晚无籽沙糖橘延迟了2个月成熟，使沙糖橘的上市时间从2个月延长到4个月。在栽培技术方面，开发了两种新技术：一是高效优质栽培新技术，能减少管理人力、节省成本，还能使沙糖橘品质更优、产量更高；二是提早和延迟成熟新技术，能使沙糖橘提早15天成熟或延迟1～2个月采收，延长了上市时间。

本书是编者长期致力于沙糖橘新品种选育和新技术研究的心得体会，理论结合实际，可操作性强，可供在生产第一线的果农和生产者参考，也可供有关的科技人员参考。在此，对参与技术推广的何文辉、曾章明、张芳文、欧以东、胡卫政、林伟明、杨国柱、罗旭升、韦云参和伍时泉等表示衷心感谢！由于水平有限，难免出现错漏，请大家批评指正。

华南农业大学沙糖橘研究组
2022年8月

目 录

Mulu

一、沙糖橘新品种介绍

我们长期致力于沙糖橘新品种的选育研究，2006年育成了无籽品种——无籽沙糖橘，2013年育成了晚熟品种——华晚无籽沙糖橘。现将两个新品种介绍如下。

（一）无籽沙糖橘

无籽沙糖橘（图1、图2）的品质比原种有很大的改善，是一个很有发展前途的新变异种。经过选育研究和推广，无籽沙糖橘开始在四会周边发展，后逐渐在肇庆、云浮、清远等市发展扩大，至2010年，广东的种植面积达250万亩（亩为已废除单位，1亩＝1/15公顷≈666.7米^2）。然后传至广西，由于气候因素的影响，在广西北部出产的无籽沙糖橘色泽更靓，卖价更高，掀起了发展的高潮，种植面积近400万亩，全国种植面积超600万亩。每年产生数以百亿计的经济效益。

图1　无籽沙糖橘

图2　无籽沙糖橘果肉

无籽沙糖橘产量高（图3），株产50～100千克，亩产2 500～5 000千克，有的丰产园亩产5 000多千克；近年来趋向密植和种大苗，种植第二年亩产达到3 500～4 000千克，个别果园甚至超5 000千克。无籽沙糖橘成熟期在12月下旬至翌年1月，可留树至春节，是应节的果品。皮薄起沙，色泽鲜红，无籽易剥皮，汁多化渣，肉质爽嫩，清甜蜜味，将柑橘果实的优点集中于一身，是无籽沙糖橘深受消费者欢迎、长盛不衰的原因。

图3　无籽沙糖橘结果树

（二）华晚无籽沙糖橘

华晚无籽沙糖橘是华南农业大学从无籽沙糖橘中选出的晚熟新品种，成熟时间是2—3月。植株、枝条、叶片、花的形态特征和开花结果习性，与无籽沙糖橘无明显的差异；丰产性强，单株产量50～100千克，亩产3 000～5 000千克；果实以中型果为主，果皮浅橙红色，皮薄起沙，爽嫩化渣，蜜味浓，更清甜，汁丰富，无籽易剥皮；与无籽沙糖橘比较，更清甜，蜜味更浓，汁更多，口感更好，综合品质更优，更受消费者喜爱；紧接着无籽沙糖橘上市，延长了上市时间，是有发展前景的晚熟新品种（图4）。2013年通过了广东省农作物品种审定委员会的审定，定名：华晚无籽沙糖橘（审定编号：粤审果2013002）。近年来在广西永福、阳朔大量种植。

图4　华晚无籽沙糖橘

二、无籽沙糖橘的主要性状及无籽成因

（一）植物学性状

1. 树冠

树冠圆锥状圆头形，冠幅3～4米，树高3～4米，主干光滑，深褐色，枝条粗度中等，较长，茂密，上具针刺，粗枝刺较长，弱枝刺短或不明显（图5）。

图5　无籽沙糖橘的树形树姿

2. 叶

叶片卵圆形，先端渐尖，顶部钝圆，基部阔楔形，长5～5.5厘米，宽2.8～3厘米，叶色浓绿，边缘锯齿状明显，叶柄短，0.6～0.8厘米，叶翼线形而明显，叶面光滑，油胞明显（图6）。

图6　春梢、夏梢、秋梢三种叶片

3. 花

花为雌雄同花的完全花，花朵白色，花瓣5个，开放时花朵直径2.5～3厘米，花药12～14个，子房浅绿色，近圆形，柱头白色，成熟时分泌白色黏液，花柱高约1厘米，雌雄同时成熟（图7、图8）。

图7　鲜花盛开时的成年结果树

图8 开放的花朵

4. 果

果实近圆球形、果小、橘红色，果实纵径3.6～4.3厘米，横径4～5.5厘米；顶部平，顶端浅凹，柱痕呈不规则的圆形，蒂部微凹入；果梗0.2～0.3厘米，萼片小，浅绿色，分裂，分裂浅、圆钝；果皮薄而脆，油胞凸出明显，密集，似鸡皮，皮厚0.2厘米，易剥离，海绵层浅黄色，占果皮1/2；瓢瓣10个，大小均匀，半圆形，彼此易分离，橘络细，分布稀疏，中心柱较大而空虚，直径0.5～1厘米，汁胞短胖，呈不规则的多角形，橙黄色，柔嫩、汁多，清甜而微酸，有蜜味；无籽，大型果的果偶有1～2粒种子，卵圆形，表面具棱纹，顶部圆钝，多棱角状，底部具宽而扁的嘴，外种皮灰白色，内种皮浅棕色，合点棕紫色，多胚，子叶绿色（图9至图12）。

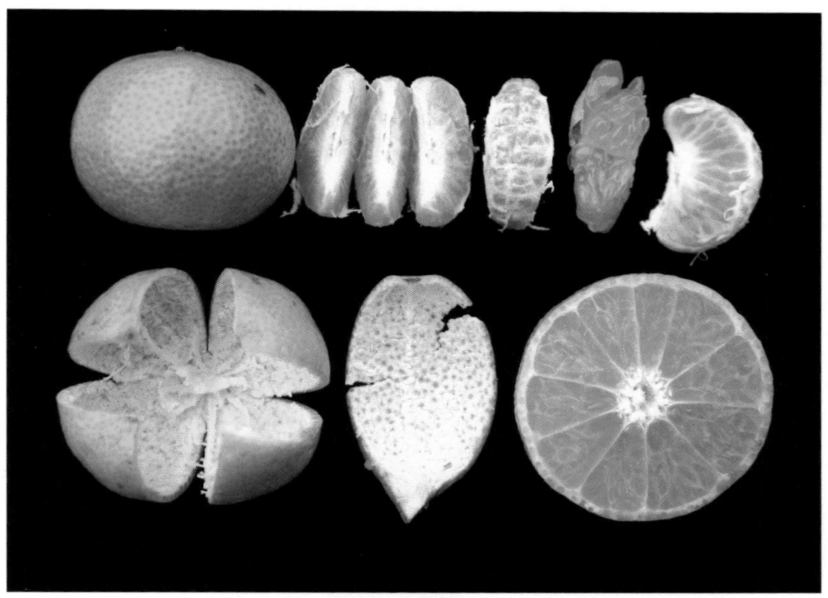

图9　果实解剖

图10　标准果实

图11　丰收果

图12　挂满枝头的果实

（二）生物学特性

1. 枝梢生长

无籽沙糖橘发梢能力强，次数多而梢量大。在广东四会，幼年树一年可抽4次新梢。春梢2月初萌发，4月中旬老熟，春梢由于经过冬天养分积累，几乎每个叶腋都长梢，新梢多而短小，如果经过人工疏梢，每条母枝留春梢3条，枝条又恢复长而壮。4月下旬至5月上旬出第一次夏梢，7月下旬出第二次夏梢，9月上旬出秋梢。一般管理水平一年长4次新梢，如果肥水充足土壤肥沃，秋后雨量充沛的果园可长5次新梢。夏梢因高温多雨，梢长而粗壮，一般长20～30厘米，有的长达50厘米，容易徒长，转绿快，从萌发至老熟约40天，如果肥水充足接着又萌发新梢。秋梢介于春梢、夏梢之间，大小和长短适中，长15～20厘米。春梢、夏梢、秋梢都可作为翌年的结果母枝（图13）。

春梢　夏梢　秋梢　冬梢（晚秋梢）

图13　春梢、夏梢、秋梢、冬梢（晚秋梢）四种枝梢

无籽沙糖橘的萌梢能力强，在生长旺季，抹去一条芽，会同时萌发几条新梢，在顶部的枝条，每抹一次芽，一条基枝最多能长出十几条新梢（图14），如7～8年生的盛产树，人工摘梢一个劳动力一天只能摘几株树，十几天摘一次，连续摘梢2～3个月，摘夏梢投工非常大。

图14　营养充足时，每片叶都能萌发新芽

2. 根系生长

根系生长与砧木类型和土壤温度、湿度、孔隙度及酸碱度有关。无籽沙糖橘的根系在土壤疏松、肥沃、湿润、pH 6～6.5的环境中生长快，根系分布均匀、发达（图15）。

图15　酸橘砧无籽沙糖橘的根系生长状况

3. 根系分布

无籽沙糖橘根系主要分布在距地表10～50厘米的土层中，占总根量70%～80%，尤其在树冠滴水线附近的土壤中，根群分布最密集。根系分布的深度，视砧木种类、地下水位高低、土壤肥沃疏松情况而不同，酸橘砧无籽沙糖橘根系发达，比较深生，枳砧无籽沙糖橘根系也发达，较酸橘砧无籽沙糖橘浅生。无籽沙糖橘根系分布的深度为1米左右，如肥沃疏松的土壤可深生至2～3米（图16）。

图16　酸橘砧植株之间的根系分布状况

4. 开花结果

无籽沙糖橘在广东四会2月初现蕾，3月上中旬开花（图17），3月底谢花，花量及类型与砧木关系很大。酸橘砧无籽沙糖橘的幼年树较难成花，花量少，花的类型以单顶花较多，带叶花较少。枳

砧无籽沙糖橘容易成花，花量多，带叶花枝多，单顶花少。开花至谢花时出现第一次生理落果（图18），接着落果停止，间歇40～45天，即谢花后40～45天，开始第二次生理落果（图19）。第二次落果非常严重，而且持续一个多月，至端午节后才进入稳果期。在不加保果的情况下，幼果几乎落光。所以无籽沙糖橘的保果重点是第二次生理落果。第二次落果后正常情况下落果较少，如遇异常天气裂果或病虫为害也会出现落果（图20）。

图17　花盛开时的状况

图18　第一次生理落果带果柄

图19　第二次生理落果不带果柄

图20　冬旱突遇暴雨后，裂果严重造成大量落果

果实发育与树势及枝条的粗壮程度有很大关系，如果结果母枝粗度达0.4厘米以上，而且结果数量少时（只有1～2个或2～3个），易结大型果（图21），结果数量多时，易结中型球果（图22）。如果树势强壮，中上部结果少，以大型果为主。树冠中下部和内膛枝，容易结中小型果，结果过多的树大部分为中小型果，相反结果过少的树以大型果居多。

图21　粗壮结果枝易结大型果

图22　球果

市场上最畅销的是中型果（果径3.5～5厘米）（图23），其次是小型果，大型果因皮厚，品质下降而不受欢迎。修剪合理，保留内膛枝和下垂枝，能丰产稳产。丰产果园内膛枝结果量占总结果量50%以上（图24至图26）。

图23　标准中型果

1998—2004年在不同地点对无籽沙糖橘的不同无性世代（V1、V2、V3）的树体性状和产量进行调查统计结果表明，无籽沙糖橘成年树的单株产量为50～100千克（图27），丰产园亩产超5 000千克（图28、图29），幼树的单株产量也不低（图30），属丰产稳产的类型。

图24　内膛枝结果累累

图25　内膛枝结果状况

图26　内膛枝结果量占总果量50%以上

图27　单株产量为50～100千克的成年树结果状况（立体结果）

图28　亩产5 000千克的山地果园

图29　超高产的无籽沙糖橘园

图30　四龄树头年结果状况

（三）经济性状

1. 无籽性状

1998—2004年于不同地点对无籽沙糖橘不同无性世代（V1、V2、V3）的果实可溶性固形物含量、单果种子数和单果重进行统计和分析，并对果实外观和果实品质进行观测和评价。结果表明，无籽沙糖橘V1、V2、V3代的种性表现相当稳定，单果种子数保持0.5粒以下，可溶性固形物含量14%左右，多数单果重40～45克，以中型果为主，品质保持爽脆化渣、清甜蜜味、口感优良的特点，易结球果。

同时以上各试点观察分析的所有结果表明，无籽沙糖橘V3代继续表现无籽、丰产稳产、品质优良等特性，能够保持V1、V2代的优良性状。经过连续三代的观察，证明无籽沙糖橘的优良性状能够通过无性繁殖稳定地遗传下来。

2. 果实品质

1998—2003年对无籽沙糖橘果实分析的结果显示：无籽沙糖橘果实为近圆球形，果肉橙红，果汁丰富，芳香，蜜味，化渣性好，风味极佳。无籽沙糖橘的果实比原种（有籽）的果实略偏小，原种（有籽）的果皮稍厚（图31）。无籽沙糖橘果实含酸量、维生素C含量和总糖含量比原种（有籽）果实高，还原糖含量比原种（有籽）果实低。

无籽沙糖橘的贮藏性比甜橙差，但通过保鲜技术处理，可使果实保鲜期达到90天，烂果率只有4%左右（图32至图34）。

图31　有籽沙糖橘的果实

图32　室温保鲜贮藏

图33　果箱内包装

图34　精美外包装

（四）无 籽 成 因

1. 花粉试验

通过观察无籽沙糖橘的花粉母细胞减数分裂和花粉形态，并进行了花粉生活力和发芽力及田间授粉实验（图35、图36），发现：无籽沙糖橘的雄配子体发育正常，且育性较强，雄性不育并不是无籽沙糖橘无籽的原因。

图35　无籽沙糖橘与有籽柑橘品种混种，果实产生种子

图36　连片隔离种植，保持无籽性状

2. 胚囊和胚胎发育观察

对无籽沙糖橘的胚囊育性及无籽沙糖橘自交和异交（无籽沙糖橘×台湾椪柑，无籽沙糖橘×有籽沙糖橘）的胚胎发育进行了系统的研究。结果表明：无籽沙糖橘胚囊可育，成熟胚囊具1个卵细胞、2个助细胞、3个反足细胞及1个大的含两个极核的中央细胞；其自交的胚胎发育不正常，早在授粉后2周就已出现大部分胚胎的退化，并在授粉后4周出现胚胎的完全退化消失，形成无籽果实；而其异交的胚胎发育正常，授粉后2周出现球形胚和少量心形胚，授粉后3周出现心形胚和鱼雷形胚，授粉后4周全部为鱼雷形胚，授粉后5周发育成子叶胚，授粉后7周子叶胚仍在继续发育成种子，并具珠柄。可以得出：无籽沙糖橘胚囊育性正常，且不具胚胎中途败育现象。

3. 授粉受精观察

以无籽沙糖橘为母本，无籽沙糖橘、有籽沙糖橘和台湾椪柑为父本组成三个授粉组合，通过荧光显微镜的观察对无籽沙糖橘的自交和异交亲和性进行了测定。结果发现：无籽沙糖橘异交授粉后花粉管在柱头、花柱和子房中都能正常生长，并能正常进入胚珠实现受精；而无籽沙糖橘自交授粉后花粉管在柱头和花柱中能正常生长，但在子房中花粉管开始自身盘绕生长，无法接近胚珠，并且向着远离胚珠的子房底部盘绕生长。观察结果表明：无籽沙糖橘无籽机理在于自交不亲和，且其自交不亲和的反应部位在子房，属于配子体型自交不亲和。

三、无籽沙糖橘的种植及幼树管理

无籽沙糖橘产量高、品质最优良，但要营造出一个满足其生长的环境条件，才能生产出丰产优质的无籽沙糖橘。

（一）开 垦 种 植

1. 气候条件

选择霜冻少、冬季气温在0℃以上、无台风、昼夜温差大的地区种植。以北回归线为中线，向北100～150千米，向南100～150千米，是适宜种植区。如果再往北，例如广东的乐昌、广西的桂林，冬季低温霜冻频繁，要盖薄膜防止果实被冻伤；如果再向南，因昼夜温差小，果实着色差。早熟品种选择偏南的地区种植，表现更早熟；晚熟品种选择偏北地区种植，表现更晚熟。

2. 地理条件

（1）山地

要选向东或向南的山坡、土层深厚、有机质含量高、土壤疏松的地；如果是半日照的山窝地更适合无籽沙糖橘生长；选交通方便、水源充足的地；不宜选择日照强的向西山坡或北风大的向北山坡；选坡度在15°以下的缓坡地。

（2）水田

要选排灌方便、地下水位低（80～100厘米）、土层深厚、有机质丰富、肥沃疏松的水田。如何防治黄龙病是选地重点考虑的因素：为了防止黄龙病的传染，要选择有自然屏障，例如有大山和森林阻隔，可防止黄龙病传播的地方种植；如在平地建园，要与有黄龙病的果园相距1千米以上，防止柑橘木虱迁飞传播黄龙病。

3. 种植规格

（1）计划密植

常用的规格株行距2米×3米，每亩种植110株。幼树期一定要加强树冠管理，每年放好高质量的4次新梢，按计划投产。种植大苗的果园第二年一定要投产，种植普通苗的果园第三年一定要投产，亩产要求2 000千克以上。否则，如果还未进入丰产期果园已经封行，失去了计划密植的作用。待结果几年后，可以隔一株间伐一株，株行距变为3米×4米，每亩变为55株作为永久株行距。计划密植果园一定要选用枳作砧木，不宜用酸橘作砧木。

（2）常规种植规格

株行距3米×4米，每亩种植55株，与计划密植相比，种植株数少了一半，土地利用率较低，前几年结果产量低，但不用间伐。

（3）适宜机械作业的规格

近年来，人工成本增加，果园整体利润降低，为了节约成本，采用机械作业，提高工作效率。而常规和密植种植不适合机械作业，必须要调整株行距，才能适合机械作业。机械作业的株行距为4米×5米，每亩种植33株。为了提高土地利用率，可以调整为孖株种植（图37），即每个种植穴种孖株，每亩由33株变成66株，孖株的距离0.5米，孖株种植只有孖株之间的一面生长受到影响，其余三面有很大的生长空间，因此，前期产量可增加一倍，后期又不用间伐，作为永久植株生长结果。孖株种植一定要选用枳作砧木。

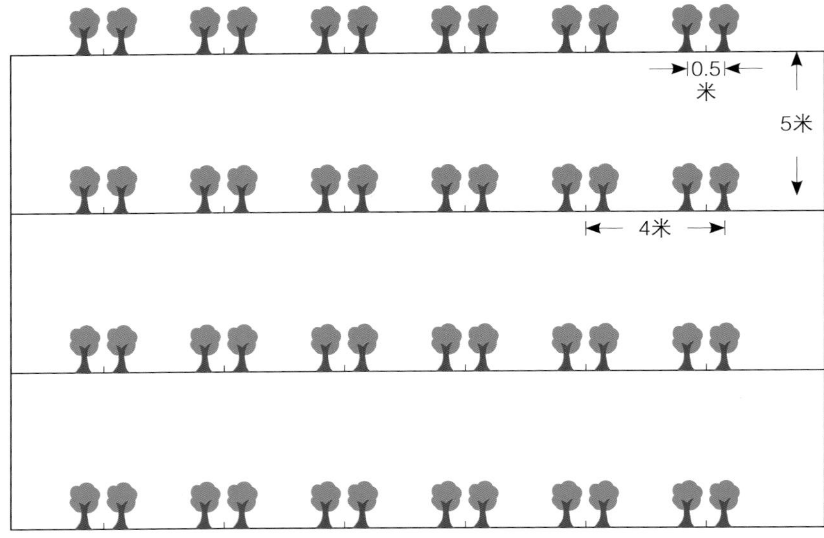

图37　孖株种植示意

4. 选用砧木

图38　无籽沙糖橘的砧木

无籽沙糖橘的砧木，主要有枳砧和酸橘砧两种，也有用红柠檬和茶枝柑作砧木（图38至图41）。红柠檬砧因皮厚、果大、味淡，已很少应用；茶枝柑砧根系发达、须根多、易开花结果，近年来较多采用。现主要介绍枳砧和酸橘砧2种。

图39　酸橘砧无籽沙糖橘结果状况

图40　枳砧无籽沙糖橘结果状况

图41　红柠檬砧无籽沙糖橘结果状况

（1）枳砧

①根系发达，须根多，浅生，不耐旱，但耐寒，适应性广，在广东北至乐昌，南至茂名表现良好。

②易成花，易丰产，近年来采用放长梢结球果技术，比常规结果母枝更丰产，不易出现大小年。

③品质优，枳砧无籽沙糖橘与酸橘砧无籽沙糖橘相比，更清甜，蜜味更浓，品质更优，但果皮颜色稍差，皮稍厚。

④枳砧无籽沙糖橘结果能力极强，容易超丰产，往往出现“要子不要命”的挂死树现象。但有的果园不施有机肥，根系差，树势弱，植株负担不起超量的果实，往往丰产一两年就出现根系萎缩而“败下阵来”。所以，枳砧无籽沙糖橘一定要注重施有机肥，培养发达的根群和健壮的树势，才能经得起连年丰产的考验。

⑤根据枳的特性，枳砧无籽沙糖橘适宜于水田、坡地及坡度小的山地种植，不适宜在坡度大、易干旱的山地种植。

（2）酸橘砧

①根系发达，深生，耐干旱，适应性强，适宜在山地和坡地种植。

②因根系深生，树势旺，幼树难成花，坐果率较低，要加强保果措施才能获得丰产；进入丰产期，结果能力增强，丰产性好。

③酸橘砧无籽沙糖橘品质与枳砧无籽沙糖橘相比，甜度和蜜味稍差，但外观比枳砧无籽沙糖橘好看，果皮薄且起沙，色泽好。

5. 道路规划

以100亩的果园为例：划分50亩为一个小区，共2个小区，果园中间安排一条主干道，路宽3米，能通货车；小区中间安排一条支路，路宽2.5米，能通拖拉机和其他机械；种植区每隔4行安排一条小路，路宽1.5米，能通斗车（图42至图44）。

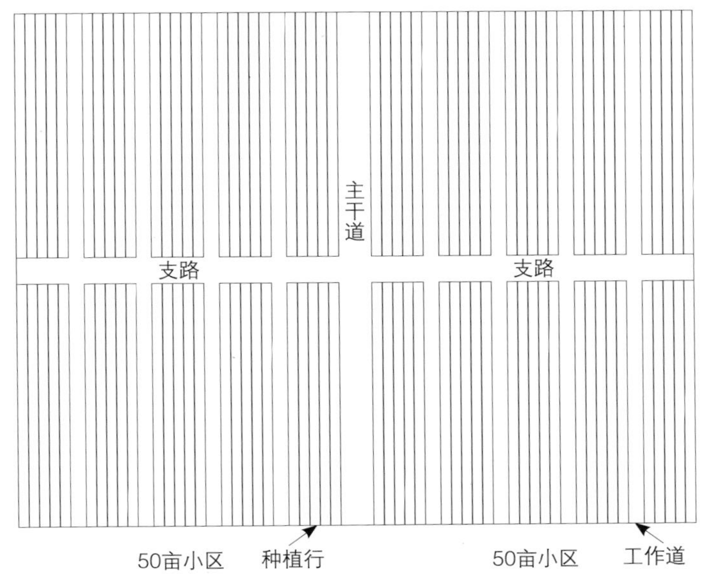

图42　100亩果园道路的规划

图43　千亩山地果园规划实例

图44　千亩水田果园规划实例

6. 滴灌和喷药系统

在果园的适当位置建一个蓄水池，体积约100米^3，铺设直径为8厘米的主输水管和直径为5厘米的支输水管，每行拉条滴灌用的水管（图45）。系统设计要求肥水一体化（请专业人员安装滴灌系统，图46至图49）。在水池的旁边设一个10米^{3}的药池，用直径为2厘米的镀锌管作为输药管，每150米设一个喷药的开关接头，配置6～8条喷药枪的喷药机。药池装水10吨，可以连续喷药8小时，中途不用停机开药，喷药效率高。药池放潜水泵边搅拌边喷药，防止药物沉淀。

图45　滴灌管与输水管的连接

图46　滴灌的安装，用压力补偿滴头

图47　肥水两用池、药池

图48　肥料池

图49　滴灌加压系统

7. 开垦

（1）山坡地的开垦

密植果园用钩机开沟，常规规格和机械规格的果园开穴，沟和穴宽深各1米，把地面上的所有杂草和杂树全部清理到沟穴中，每穴在杂草上撒施1千克全营养撒施肥（全营养撒施肥配方：50千克复合肥+50千克粉碎的花生麸+10千克多效叶面肥），1千克过磷酸钙和1千克熟石灰。全部用表土回穴，还要堆起一个高出地面30厘米、宽1米的土墩，因杂草腐烂后会下沉。

（2）机械种植的果园开垦

将5米宽的行距分成两半，2.5米作机耕道，2.5米作种植畦，在机耕道上挖10～15厘米深，把挖起来的土铺到种植畦上，使种植畦的土层深厚，有利于无籽沙糖橘生长（图50）。

图50　适用机械作业的果园

（3）水田果园的开垦

在果园的周围和种植园的行间每隔一行挖一条排水沟，沟深1米，宽50～60厘米，排水沟要与外面的排灌系统相通，以利于排灌。在每株种植点起一个土墩，土墩直径1米，高30厘米。

8. 种植

选择经过上大袋假植1年、苗高1米以上、冠幅40～50厘米的袋装大苗种植。一年三季（除冬季）都可栽种，其中最适宜在1月底、2月上旬种植。种植前先在土墩上挖一个40厘米深和宽的小穴，放入1千克商品有机肥和0.5千克过磷酸钙，与挖起的土充分拌匀，将大苗放入穴中，复土，堆成一个周围高、中央凹下的镬形种植穴，淋透水，这种种植穴淋水施肥不会外流，保水保肥，也不会使幼树积水烂根（图51至图53）。

图51　幼树的种植方法

图52　种植后的无籽沙糖橘幼树

图53　种植后铺上防草布

（二）幼树管理

幼树管理要做好两件工作：一是培育发达的根系；二是培养健壮的树冠，为早结丰产打下良好的基础。

1. 幼树根系的培育

无籽沙糖橘的根系在肥沃、疏松和湿润的土壤中生长良好，根群发达。我们在开垦种植时，只对种植穴的土壤进行了改良，但种植穴之外的土层还未改良。所以，种植后要逐年扩穴改土，满足无籽沙糖橘根系日益扩展生长的需要。做法：每年冬季在种植穴以外扩穴，施入有利于根系生长的有机肥、磷肥、熟石灰和全营养撒施肥（图54）［参考“四、无籽沙糖橘结果树的全营养施肥技术 （二）全营养施肥方法”］。

图54　扩穴改土，施有机肥

2. 幼树树冠管理

种植大苗的果园，第一年重点培养树冠，培养好4次高质量的新梢，即1次春梢、2次夏梢和1次秋梢，当年树冠高1.5～2米，冠幅1.5～2米，第二年就可以结果（图55）。

种植普通苗的果园，第一、第二年同样要培养好4次高质量的新梢，第三年就可以挂果（图56）。幼树树冠管理方法如下。

图55　大苗种植了1年的幼树，已具备投产能力

图56　小苗种植了1年的幼树

（1）施肥

袋苗种植后10天、裸根苗待开新根时（15～20天），可以淋一次全营养淋施肥（50千克水+0.15千克多效叶面肥+0.1千克尿

素+0.25千克复合肥）。每株淋5千克水溶液；隔10天淋第二次，让新植的苗迅速恢复正常生长。

以后每次新梢施两次肥：第一次在新梢萌发时淋一次全营养淋施肥（配方同上），第二次在新梢转绿期间撒一次全营养撒施肥（50千克复合肥+50千克粉碎的花生麸+10千克多效叶面肥+15千克尿素），使幼树枝梢生长健壮，快速形成树冠。

（2）剪顶放梢、选梢、留梢

每批新梢八成转绿时可以剪顶放梢（图57），剪顶的方法是在新梢的上部剪去四分之一，留下四分之三，使下一轮新梢萌发整齐；过长的徒长枝，留20厘米左右剪顶。待新芽长至5厘米时，进行选芽留芽，去弱留强，留芽的方法是弱的母枝留1条，中等的母枝留2条，壮的母枝留3条。

图57　剪顶放梢

全年放4次梢：3月放春梢；5月放第一次夏梢；7月放第二次夏梢；9月放秋梢。大苗经过1年，普通苗经过2年的培养，树高1.5米，冠幅1.5～2米，下一年可以挂果。

（3）病虫害防治

生长健壮的无籽沙糖橘幼树一般很少发生病害，重点防治潜叶蛾、粉虱、木虱、蚜虫、红蜘蛛、锈蜘蛛和凤蝶幼虫等虫害，每次新梢3～5厘米长时喷一次杀虫一号，隔10天喷第二次。发现柑橘黄龙病病株要立即挖除，挖树前先防治木虱，防止木虱传染黄龙病（参考“附录2　杀虫一号和杀菌一号”）。

四、无籽沙糖橘结果树的全营养施肥技术

无籽沙糖橘的产品要求结中型果，果皮鲜红，皮薄起沙，汁多化渣，清甜蜜味，无籽易剥皮。肥料对品质起决定性作用，如果氮过量，树势过旺，易长夏梢，引致落果，果皮粗厚，酸味重；偏施化肥，缺有机肥，则生势弱，果味淡，口感差；各种营养元素配比不合理，易出现缺元素现象，果色差，无蜜味。

无籽沙糖橘常规施肥缺乏科学性，往往是施了复合肥缺微量元素，施了速效肥缺有机肥，或施了有机肥缺速效肥，性价比差，品质达不到要求。

无籽沙糖橘全营养施肥技术，各种营养元素配比合理，有机、无机结合，营养全面，能调节土壤酸碱度；使无籽沙糖橘的根系发达，吸肥吸水能力强，植株健壮，叶色浓绿，增强光合作用，壮花壮果；使新梢萌发整齐健壮，转绿快15天，幼果转绿快4～5天；使果实上糖早，降酸快，可溶性固形物含量增加1%～2%，更清甜，蜜味浓，汁多化渣，品质提高一个档次（图58至图60）。

图58　施全营养肥料的果园，植株生势旺盛

图59 施全营养肥料的果园，果实累累

图60 施全营养肥料的果园，果皮鲜红、皮薄起沙

为全营养肥料而研制的“多效叶面肥”，含有果树生长发育必需的配比合理的多种微量元素，与复合肥、花生麸和熟石灰等配合使用，成为全营养肥料。因冬季与雨季、幼树和结果树需要的养分和使用方法不同，可调配成全营养淋施肥和全营养撒施肥5个配方。

全营养淋施肥有2个配方。配方1：50千克水+0.15千克多效叶面肥+0.25千克熟石灰+0.35千克复合肥，适合在收果后至春梢萌动时使用，因为配方含有熟石灰，可以调节土壤酸碱度，释放在土壤中被酸性固定的各种养分，增加钙质，减少裂果。熟石灰与多效叶面肥混合是很好的杀菌剂，对无籽沙糖橘常见的几种病害有效，最好每年在春梢萌动时淋一次，有利于恢复树势、提高花质和春梢生长。配方2：50千克水+0.15千克多效叶面肥+0.1千克尿素+0.25千克复合肥，适合幼树长枝条、扩大树冠时使用。淋施后叶色浓绿，枝条抽生整齐健壮，树冠扩大快。

全营养撒施肥有3个配方。配方A：50千克复合肥+50千克粉碎的花生麸+10千克多效叶面肥，适合冬季施有机肥时和果园开垦时与基肥一起使用，能增加有机肥和基肥的肥效。配方B：50千克复合肥+50千克粉碎的花生麸+10千克多效叶面肥+15千克尿素，适合幼树和结果树放梢时使用。配方C：50千克复合肥+50千克粉碎的花生麸+10千克多效叶面肥+15千克尿素+25千克硫酸钾或氯化钾，适合结果树放梢时使用。果农可根据树龄和季节选择适合的配方使用。

（一）全营养施肥建议

1. 幼树

立春（2月初）用配方1淋施一次，能调节土壤酸碱度，释放土壤中的有效养分；每次新梢放梢前用配方2淋施一次，转绿期用配方B撒施一次。

2. 结果树

每年立春（2月初）用配方1淋施一次；开花前（3月上旬）和放大暑梢时（7月中旬）用配方C撒施；收果后施有机肥时加入配方A增加肥效。

（二）全营养施肥方法

1. 采收后施足有机肥，培养健壮的根群

有机肥能改良土壤团粒结构，使土壤疏松透气，达到保水保肥

的作用，使无籽沙糖橘的根群发达，吸水吸肥能力强，树势健壮，叶色浓绿，为丰产稳产打基础。

但有些果农不重视施有机肥，土壤有机质少，造成板结、根系少、树势弱、结果能力差且易黄化。

（1）施肥时间

采果后至大寒前施肥，有些盖膜的果园延迟到春节前后才采收的也要在采果前施下。

（2）施肥量

以结50千克果的树计算，每株施腐熟的堆沤过的有机肥15～25千克或腐熟的禽畜粪5～10千克或商品有机肥5千克，过磷酸钙1千克，熟石灰1千克和全营养撒施肥1～1.5千克（配方A：50千克复合肥+50千克粉碎的花生麸+10千克多效叶面肥）。

（3）施肥方法

在树冠滴水线下开一条环形沟，沟深和宽各15～20厘米；或在滴水线下南北或东西向各开2条平行的施肥沟，深和宽各15～20厘米，沟的长度与树的冠幅相等（图61、图62）。先将上述的各种肥

图61　开环形沟施肥

图62　开短沟施肥，肥料集中在一起，容易烧根

料（熟石灰除外）均匀地撒到沟里，用锄头深翻10～15厘米，使肥料与沟里的泥拌匀，不会因为肥料浓度过高引起烂根；然后将原先挖起的土，均匀地覆盖到沟上；最后把1千克熟石灰均匀地撒在树冠内的地面上，有消毒、降酸和增钙作用（图63）。

图63　开沟埋好肥料后，在树冠下撒施熟石灰

2. 淋全营养淋施肥，快速恢复树势

无籽沙糖橘的果在树上挂了近一年，树上的养分几乎已被消耗尽，采果后立春将至，又要进入下一年的生长开花结果。如果不能及时补充养分，在短时间内迅速恢复树势，势必影响下一年的产量，出现大小年结果。用什么方法才能迅速恢复树势？我们经过多年的试验，筛选出了优良的配方，就是淋全营养淋施肥（配方1：50千克水+0.15千克多效叶面肥+0.25千克熟石灰+0.35千克复合肥，熟石灰用水稀释，除去石渣才能使用；也可选配方2：50千克水+0.15千克多效叶面肥+0.1千克尿素+0.25千克复合肥），配方1比

配方2效果好，但使用麻烦些。

淋施时间和方法

2月上旬，气温回升，根系开始活动时淋施，在树冠内的地面每株均匀地淋洒全营养淋施肥水溶液25～50千克，也可以通过滴灌滴施（图64、图65）。

图64　人工淋施

图65　滴灌滴施

3. 开花前施全营养撒施肥，壮花壮果

无籽沙糖橘开花前施全营养撒施肥，可使树势健壮，叶色浓绿，叶片厚大，增强光合作用，春梢提早15天转绿；花朵壮，花瓣雪白，畸形花少；幼果转绿快4～5天，从而使幼果发育好，坐果率高。

施肥方法和施肥量

下雨后在树冠内的地面均匀撒施，每株施1.5～2千克（配方C：50千克复合肥+50千克粉碎的花生麸+10千克多效叶面肥+15千克尿素+25千克硫酸钾或氯化钾）。

4. 大暑梢施全营养撒施肥，壮梢果甜质更优

无籽沙糖橘传统的结果母枝是把秋梢培养成结果母枝（立秋至白露放梢），新的放梢技术是提前在大暑放梢（7月下旬）。大暑放梢的好处是：无潜叶蛾为害叶片、缩短了继续控梢的时间和易放梢等。

施肥时间和施肥量

大暑梢是重点培养的结果母枝，施肥量要占全年施肥量的40%，在放梢前15天施下，每株撒施全营养撒施肥1.5～2千克（配方C，注：这次施肥的钾肥用硫酸钾，不能用氯化钾），结果多的树施2～2.5千克。这次肥的作用是使大暑梢萌发整齐，梢壮，果实上糖早，降酸快，可提早食用；成熟时清甜，蜜味浓。与常规施肥相比，可溶性固形物含量提高1～2个百分点，果实更清甜并充满蜜味，品质可提高一个档次（图66）。

图66 无籽沙糖橘施全营养撒施肥后的果实品质

五、无籽沙糖橘的保果技术

无籽沙糖橘的保果，包括药剂保果、环割环剥保果和控夏梢保果三大技术。这三大技术一环扣一环，缺一不可，如果某一个环节做不好，会引致不正常落果，从而造成减产。

（一）药剂处理

柑橘果实中的种子在果实发育的过程中，会产生赤霉素和细胞激动素等内源激素，这些内源激素能促进果实发育和帮助坐果。而无籽沙糖橘的果实因为无籽，在果实发育过程中不能产生赤霉素和细胞激动素，影响果实膨大和坐果。所以，必须在幼果期补充赤霉素和细胞激动素，才能满足果实发育的需要，从而提高坐果率。故要实施保果，才能确保丰产。

1. 无籽沙糖橘喷药保果的配方

赤霉酸一瓶（100毫升，含量3克）加水200千克+苄氨基嘌呤一瓶（1 000毫升，含量2%）加水750千克+0.3%多效叶面肥+0.2%尿素+0.5%高钾复合肥。

2. 喷药的时间次数

谢花即喷第一次，隔15～20天喷第二次（间隔期不能少于15天）。第二次的配方改为赤霉酸每瓶加水175千克，苄氨基嘌呤每瓶加水600千克，其他配方不变。

（二）环割环剥

无籽沙糖橘环割环剥保果，是指在主枝上（幼年和青年树可以在一级分枝，大树可以在二、三级分枝）用刀将韧皮部割断，到达木质部，又不能伤及木质部，使叶片光合作用的产物不能向地下部输送，集中在环割环剥口上面，供给果实利用，促进果实发育和提高坐果率，作用非常明显。

1. 环割环剥的时间

环割环剥的时间在无籽沙糖橘谢花后一个月最适宜，因为这时春梢已经转绿，可以进行光合作用，从消耗养分变成制造营养，这时环割环剥，根系不易萎缩，叶片不会发黄。同时距离第二次生理落果还有15天，环割环剥口积累的养分被果实利用大约也需要15天，对减少第二次生理落果，提高坐果率作用很大。

2. 环割的对象及方法

环割是用利刀在主枝上将韧皮部环割一圈，深达木质部（图67）。在正常情况下，环割的伤口经过15天可愈合。如未达到保果效果，隔15天又要环割第二次。有些树势壮而结果少的树，隔15天可能要环割第三次。

图67　环割（只将皮层割断、刚到木质部为度）

枳砧无籽沙糖橘根系浅生，吸收根多，易结果，易丰产，适宜用环割；一般环割2次，壮树、结果少的树可环割3次。生产上有专用的环割刀（0号刀）和环割剪，易操作，卡在枝条上向右转半圈即可（图68）。操作时只能向一个方向转动，不能来回转动，否则易爆皮。

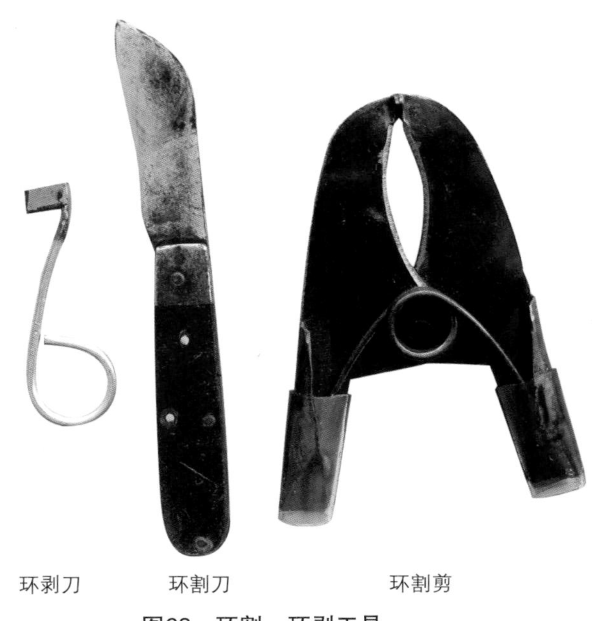

环剥刀　　环割刀　　环割剪

图68　环割、环剥工具

3. 环剥的对象及方法

环剥是在无籽沙糖橘的主枝上，用利刀环割两圈，两圈的距离一般1～3毫米，将两圈之间的韧皮部剥离主枝，露出木质部（图69）。生产上有专用的环剥刀，容易操作，分1号、2号、3号、4号，1号刀是指环剥口的距离是1毫米，2号刀是指环剥口的距离是2毫米，如此类推。操作时一定要按住刀背，将韧皮部全部剥去一圈，环剥口深达木质部才算合格；如果环剥口深度未达木质部，只剥去表皮，起不到保果的作用。

图69　环剥（剥去一部分皮层，露出木质部）

酸橘砧无籽沙糖橘根系深生，生长旺盛，适宜用环剥保果，用1号或2号刀选直径3～4厘米的枝条环剥一圈（图70）。环剥一个月后，环剥口开始愈合，在环剥口的上方距第一次环剥口2～3厘米处环剥第二次（图71）。注意：a. 环剥口未愈合的枝条不能环剥第二次，否则会黄叶，甚至落叶（图72）；b. 弱树和结果过量的树不宜环剥第二次；c. 直径2厘米以下的枝条不能环剥，可以采用环割，或不割不剥，保留作营养枝。

图70　用2号刀环剥3厘米左右的枝条，环剥口60～70天愈合

图71　环剥第二次

图72　环剥口还未愈合，再次环剥，是植株衰退和致死的原因

生势旺的枳砧无籽沙糖橘也可以环剥，初挂果的幼树用1号刀，青年树用2号刀环剥一次，不宜环剥第二次（图73至图75）。

图73　初挂果树连续环剥2次保果，植株死亡

图74　成年结果树连续环剥2次保果，使树势严重衰退

图75　成年结果树连续环剥2次保果，导致植株死亡

4. 环割环剥注意事项

（1）环割环剥的时间

环割环剥最适宜的时间是谢花后一个月，既不能太早，也不宜太迟。如果早了，春梢未转绿，易伤树，同时因保果太多，负担过重易使树势衰退（图76）。如果太迟，第二次生理落果已经开始，保果作用减弱。

图76　保果措施太重，植株因结果过量而死亡

（2）掌握环剥尺度

环剥口的宽度与环剥口愈合的速度成反比，环剥同等大小的枝条，环剥口越宽，环剥口愈合的时间越长；环剥口越窄，环剥口愈合越快。对直径3～4厘米的枝条用1号或2号刀环剥，环剥口愈合的概率很大，不会出现黄叶等不良反应。如果将环剥口扩大到3～5毫米，环剥口愈合慢，有的不能愈合，枝条易出现黄化现象。

图77　用2号刀环剥直径2厘米的枝条，环剥口150天还未愈合

如果枝条直径在2厘米以下，用1号或2号刀环剥会使环剥口愈合慢，易出现黄化（图77）。

（3）包扎环剥口，促进伤口愈合

每年保果都在主枝上环割环剥1～2次，枝条上出现“伤痕累累”。所以，每次环割环剥必须促使环割环剥口充分愈合，叶片光合作用的产物才能畅通无阻地向根部运送，保障根系的正常生长和吸水吸肥。从第一次环剥算起60天，必须对环剥口进行全面检查，发现愈合不良的环剥口，用电工胶布或塑料薄膜包扎，促进伤口愈合良好（图78）。

图78　环剥口未愈合，及时包扎，促进愈合

（三）控制夏梢生长

无籽沙糖橘是柑橘中发梢能力强的品种之一，尤其是处于高温高湿的夏季，夏梢萌发能力更强。一条母枝一般能萌发3～5条夏梢，多则8～10条（图79）。

图79　新梢萌发能力强

夏梢大量萌发的时间正好遇上第二次生理落果期，如果不加以控制，会加重第二次生理落果（图80、图81）。

图80　过量萌发夏梢会引致大量落果

图81　单顶果上易萌发夏梢，当夏梢的嫩叶展开时，幼果就会脱落

1. 人工摘梢

人工摘梢是原始的控梢方法。待夏梢长至5厘米左右，叶片还未展开时把嫩梢摘去，大约十几天后，待下一轮嫩梢又长至5厘米左右时，又把嫩梢摘去，如此反复进行；一个夏梢期需要摘梢4～6次，夏梢多的大树，一个人一天只能摘几株，人工摘梢费工费时，对于上规模的果园来说很不可取（图82）。

图82　人工摘夏梢

2. 杀梢

20世纪80年代，人们开创了用除草剂杀梢的方法，解决了人工摘梢费工费时的问题。待夏梢长至5厘米左右，叶片还未展开时喷药杀梢，第二天嫩梢萎缩变黄，第三、第四天变黑枯萎（图83）；

但十多天后，被杀死的嫩梢从基部又长出新的嫩梢，而且数量众多，成丛状“扫把枝”（图84），又要进行第二次杀梢，如此反复进行。一个夏梢期进行3～5次杀梢，但由于杀梢正值高温期，有些型号的杀梢药易伤果，使果实花皮（图85），多次喷杀使树势变弱。

图83　喷杀梢药杀死嫩梢

图84　喷杀梢药杀梢十余天，就长出“小扫把”状的新梢

图85　杀梢药药害导致的花皮果

3. 自然控梢

我们对无籽沙糖橘夏梢的控制进行过长期的观察研究，研究了夏梢与肥料的关系、夏梢与果实的关系和夏梢与夏梢的关系，总结出了一套以肥控梢、以果控梢和以梢控梢的自然控梢新方法。

（1）以肥控梢

肥足树旺，树旺梢多，这是大家都明白的道理。无籽沙糖橘收果后已施足基肥，春梢萌动时淋足全营养淋施肥和开花前已撒全营养撒施肥，未来几个月已有足够的养分供给植株生长和开花结果。

但很多果农都习惯施谢花肥，如果谢花后再施壮果肥，尤其是氮肥，会使植株营养过剩，引致萌发大量夏梢，要花工、花钱控制夏梢，既浪费肥料，又导致不正常落果。所以，无籽沙糖橘谢花后不要施谢花肥，使土壤中各种养分保持在合理的水平，既能满足幼果发育所需，又不会促发大量的夏梢，使植株维持合理的状态生长（图86）。

（2）以果控梢

无籽沙糖橘的幼果期，幼果的发育和夏梢生长在养分消耗上是一对矛盾，幼果是弱者，夏梢是强者，往往幼果争不过夏梢导致落果。但是，可以通过技术措施改变这种状态，使幼果与夏梢在养分需求上达到平衡，以果控梢。

以果控梢的方法是：花前按要求施足无籽沙糖橘所需的各种肥料，不施谢花肥，同时要做足保果措施，使植株保持有大量的幼果，树体中的养分适合长果，而不适合长梢，让众多的幼果发育膨大，使夏梢不萌发或少萌发，达到以果控梢的效果（图87）。

图86　以肥控梢

图87　以果控梢

（3）以梢控梢

无籽沙糖橘谢花后3个月，幼果已经长大，与夏梢有一定的抗衡能力，当树顶的果径达到2厘米时，适量放梢不会导致落果，可以以梢控梢。以梢控梢的方法是，以树冠的大小决定放梢的数量：1米直径的树冠可放夏梢20～30条；2米直径的树冠可放夏梢40～60条；3米直径的树冠可放夏梢60～90条，如此类推。按这个标准，适量放夏梢，让夏梢生长，消耗了树体一部分过剩的养分，牵制着其他夏梢不

能大量萌发。这种方法是用少量的养分，培养了适量的夏梢，既不用继续控夏梢，又不会导致落果，植株生势更好，同时减少了大型果，达到了以梢控梢的目的，省工省成本（图88）。经过多年的田间观察，大多数植株的夏梢萌发量都在上面的标准以内，只有少量植株，因生势旺或结果少，夏梢超过上面的标准，对于这些树，疏去一部分粗壮的夏梢，留下弱的夏梢，让其继续生长，不会导致落果。

图88　以梢控梢

4. 药剂控梢

用植物抑制型的药剂，作用于柑橘的春梢或夏芽上，使春梢休眠或夏芽停止生长，抑制一段时间后，春梢和夏芽恢复正常生长，这叫药剂控梢。与杀梢相比较，控梢时间长；花工少，省成本；不伤果，不花皮；树不变弱（图89至图91）。药剂控梢被广大果农接受和应用，成为无籽沙糖橘控制夏梢的主要技术措施。

图89　喷控梢素的丰产状况

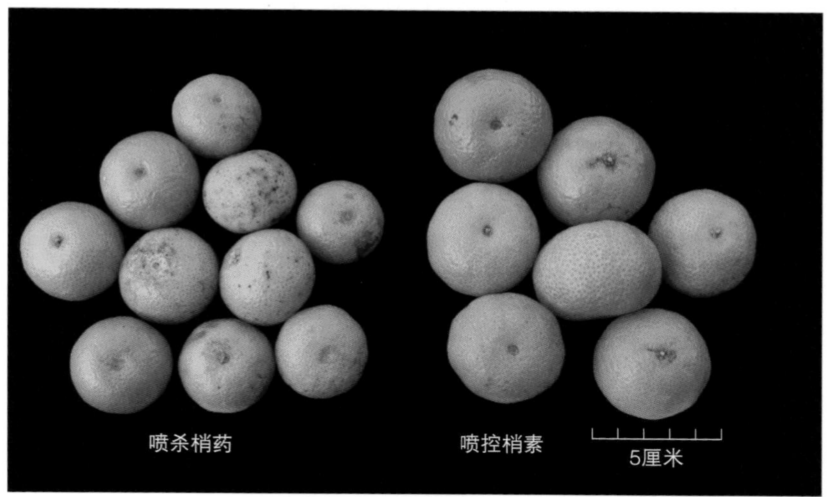

图90　喷杀梢药（花皮）与控梢素（无花皮）的果实对比

图91 喷控梢素的果园，植株生长正常，结果多，无须摘夏梢

（1）控梢的主要药剂

多效唑、氟节胺和控梢素。

（2）使用方法

①抑制夏梢萌发的药剂：多效唑（含量25%），在春梢7～8成转绿而未萌发夏梢时喷洒，能抑制夏梢的萌发，抑制时间20～30天。

②控制夏梢生长的药剂：氟节胺或控梢素，待夏梢长1～3厘米时喷洒，能使夏梢停止生长或缓慢生长（图92、图93）。控制时间：氟节胺控梢时间20～30天，一个夏梢期要喷3～4次；控梢素控梢时间30～40天，一个夏梢期要喷1～2次。

图92　喷控梢素后，夏梢被控的状态

图93　喷控梢素15天后，幼果正常，夏梢被控制

③能同时抑制夏梢萌发又能控制夏梢生长的药剂：控梢素，可以在春梢7～8成转绿而未萌发夏梢或夏梢长1～3厘米时使用，达到抑制夏梢萌发和控制夏梢生长的作用（图94）。

图94　喷控梢素后，夏梢被抑制

（3）注意事项

①有的药剂只有在夏梢萌发前使用，如多效唑，能抑制夏梢的萌发，但对已经萌发的夏梢作用差。故在春梢转绿阶段要抓紧时间使用，错过了效果变差。

②控制夏梢生长的药剂，如氟节胺和控梢素，要注意夏梢的长度，最适宜在1～3厘米长时喷洒，如果夏梢过长，开始了快速生长，控梢效果将变差。

③喷药质量要求高，控梢不同于普通的病虫害防治，喷洒有严格的要求，比如“只喷树冠顶部的叶面，其他部位不喷”，就是说只把树冠顶部的叶面喷湿，不能喷叶背、树冠的内膛和中下部。

④严格按使用说明的浓度使用，不能随意增减，浓度低了效果差，浓度高了副作用大，甚至导致落果。

六、无籽沙糖橘
新型结果母枝培养技术

无籽沙糖橘的生产者非常重视结果母枝的培养，因为它是关系到下一年能否继续丰产的问题。根据无籽沙糖橘的结果习性和促花技术的新进展，可以把春梢、夏梢和晚秋梢都培养成新型的结果母枝；也可以把春梢、夏梢和秋梢叠加延长生长，成为长梢结球果的结果母枝。

（一）预留春梢

无籽沙糖橘是柑橘中内膛结果多的品种之一。一株枝条分布均匀，内膛枝、下垂枝和长梢结果枝多的树，内膛结果的比例超过50%。内膛结果枝的枝条都是下垂的，没有顶端生长优势，果实的营养分配均衡，所以没有大果，都是皮薄起沙、汁多化渣、清甜蜜味的中果及部分小果。而下垂枝、内膛枝和树冠下部的结果枝都是以春梢和长梢球果枝为主，所以，春梢可以成为无籽沙糖橘的结果母枝（图95）。

图95　春梢为结果母枝，内膛果实累累

（二）培养大暑梢

长期以来，我们把秋梢（从立秋8月上旬至白露9月上旬放的梢）培养为无籽沙糖橘的结果母枝。近年来，我们通过比较试验，发现大暑梢（7月下旬）也是很好的结果母枝，现已大面积推广。与秋梢相比较，大暑梢有许多优点。

1. 大暑放梢的优点

①无籽沙糖橘的果实到大暑时果径已达2.5厘米，在养分争夺上可以与新梢抗衡，大量萌发新梢不会引致落果。

②大暑期间，无籽沙糖橘的果实还未至于能压弯结果枝下坠，在顶端优势的作用下，能够长出符合质量的新梢。

③大暑期间是一年中最高温的季节，最高气温连续多天在35℃以上，柑橘嫩梢的主要害虫柑橘潜叶蛾不产卵，对新梢不会造成为害，可以不用防治。

④7—9月是高温季节，树顶果易被高温灼伤，成为日灼果。如果能及时放出大暑梢，树顶果有新梢遮挡阳光，可减少日灼果（图96）。

图96　大暑梢遮挡阳光，减少日灼果

⑤大暑期间高温高湿，是最易长梢的季节，天时地利人和，能够培养符合质量和数量的新梢。

⑥大暑梢比常规的秋梢提前了半个月至一个多月放梢，节省

了继续控梢的人工和药剂，节约了成本。

2. 大暑梢的培养

①施肥：放梢前15天将肥料（配方C）施下，这次梢施重肥，占全年施肥量的40%左右（参考“四、无籽沙糖橘结果树的全营养施肥技术”）。

②修剪：放梢前10～15天进行修剪，使新梢萌发整齐，数量足。修剪的对象是“扫把枝”、畸形枝、扰乱树冠的早夏梢、零星生长的新梢和大型果枝（图97）。修剪方法是将上述要修剪的枝条从基部剪去，不要留桩，大型果枝带1～2片叶连果剪去。

③疏梢留梢：修剪后十几天，从剪口处会长出许多新芽，待新芽长5厘米左右时要选梢留梢，疏去弱梢，留下壮梢，原则上弱的基枝留1条，中等的基枝留2条，壮的基枝留3条。

图97　剪去“扫把枝”和畸形枝

④病虫害防治：大暑期间无籽沙糖橘的主要病虫害有粉虱、木虱、蚜虫、红蜘蛛、锈蜘蛛、炭疽病、黑点黑斑病、灰霉病、白癞病和煤烟病等（参考“十、主要病虫害综合防治技术”）。

（三）留晚秋梢

大暑期间放梢，到白露（9月上旬）已经转绿老熟，这期间气温仍然较高，雨水较多，结果少或树势壮和初结果的树，会继续萌发一次晚秋梢，晚秋梢到10月下旬能转绿老熟，也是很好的结果母枝。

对于晚秋梢，采用不施肥、不修剪、不控梢的方法，顺其自然，长多少留多少。此时是潜叶蛾、木虱和蚜虫高峰期，要注意病虫害防治（参考“十、主要病虫害综合防治技术”）。

（四）放长梢结球果技术

放长梢结球果是近年来我们创新推广的新技术。从春梢→夏梢→大暑梢→晚秋梢，每次放梢都不修剪、不疏芽和不控梢，让新梢在上一次梢的基础上不断叠加延长成为长梢（图98）。例如：春梢长度是15厘米，到早夏梢（以梢控梢的早夏梢）延长到45～50厘米，大暑梢延长到80～100厘米，晚秋梢延长到110～130厘米。这种顺其自然放长梢的技术，充分利用了树体

图98　无籽沙糖橘放长梢的树形

的养分，顺其自然长梢，节省了许多人力、物力和成本，果农称为“懒人放梢”。

长梢结果母枝易结球果，球果的重量0.5～2.5千克，而且都是一级果，是特丰产型的结果母枝（图99、图100）。球果结果枝在重力的作用下，早早就下坠，向树冠的下部及内膛集结，成为内膛果，使树冠自然呈现出中下部结果、上部长枝的合理长势（图101）。我们在田间观察到，长梢结果的丰产树，树上挂满了一串串的球果，但球果都集中在树冠的下部及内膛，而生长枝集中在树冠的上部。在顶端生长优势的作用下，就算树冠下部挂满果实，树冠顶部仍能抽生出许多符合质量和数量的长梢结果母枝，这种树年年结果，年年丰产。

图99　无籽沙糖橘放长梢结球果

图100　无籽沙糖橘球果

图101　长梢结果的树冠形成了自然分工：树冠中下部结果、上部长枝

而同等结果量的普通树，由于结果分布在树冠的各个部位，即大家提倡的立体结果（图102），树冠没有合理的分工，养分分散，该长梢的部位没有顶端生长优势，因而抽发的结果母枝少，质量也差，大小年结果现象明显。

对长梢结果母枝有不做处理和弯枝处理两种。第一种不做处理，让长梢自由生长，待下一年长梢上长了春梢和花果，枝条重量增加，遇到下雨天，枝条和叶片附着水分重量增加，长梢自然下垂。随着长梢上的球果发育增大，长梢结果枝在重力的作用下向树冠内膛靠拢，变成内膛结果枝，长梢易结球果，都是一级果的中果。第二种弯枝处理，在花芽分化高峰期的11月进行弯枝，促进长梢的花芽分化，使树形由直立变矮化，由松散变紧凑，增强树冠的挂果能力［参考“七、无籽沙糖橘的促花技术　（一）弯枝”］（图103）。

图102　无籽沙糖橘立体结果

图103　不作处理（左）和弯枝处理（右）的对比

注：左为对长梢不做处理的树；右为对长梢弯枝后的树，树形矮化，结果能力强。

七、无籽沙糖橘的促花技术

促花技术是使无籽沙糖橘翌年有充足的花量、保持丰产的关键技术之一。通过弯枝、环割和喷促花药剂等措施，促进结果母枝的花芽分化。

（一）弯　　枝

弯枝是抑制营养生长、促进生殖生长的技术措施，同时可以使树形由直立变矮化，由松散变紧凑，增强树冠的挂果能力（图104、图105）。弯枝的方法：从长梢结果母枝的尾部向下弯成弧状，使枝条与主干约成60°角，将长梢的尾部绑扎在相邻的枝条上固定。弯枝工作可在11月花芽分化高峰期进行，在下一年春梢萌动前松绑。

图104　放长梢的树形

图105　弯枝后的树形

（二）环　　割

环割是非常有效的促花措施，掌握环割的时间非常重要。如果环割太早，花量过多，春梢少，开花消耗养分多，反而难坐果；遇到干旱天气易使根系萎缩伤根，易致黄叶甚至落叶。如果环割太迟，错过了花芽分化高峰期，促花效果差。环割促花的时间应以既能形成一定花量（半树花，满树果），又不伤树为标准。

对于准备下一年结果的酸橘砧无籽沙糖橘，可在12月上中旬在主干或主枝环割一圈（用0号刀，不能用1号刀）促花。对于已投产的酸橘砧无籽沙糖橘，可在小寒（1月上旬）在主枝上环割一圈促花。

环割促花的对象是生势旺的酸橘砧无籽沙糖橘，生势弱的树不宜环割；枳砧无籽沙糖橘容易成花，环割使花太多，也不宜环割；环割后如遇到干旱天气，易使树黄叶或落叶，要定期淋水。

（三）药剂处理

在无籽沙糖橘花芽分化高峰期的11月，用多效唑500倍液（含量25%）+0.2%的磷酸二氢钾喷一次促花。或用控冬梢促花素600倍液，在秋梢老熟至花芽分化高峰期喷一次（注：控冬梢促花素只准喷一次），既能促花，又能控冬梢，冬梢不论长短都能使其停止生长，下一年冬梢也成花（图106至图109）。

图106　喷控冬梢促花素不长冬梢（左），对照株部分枝条萌发冬梢（右）

图107　喷控冬梢促花素后，冬梢停止生长，冬梢和秋梢都积累养分，有利于花芽分化

图108　喷控冬梢促花素后，冬梢全部停止生长转为花芽分化，来年全部成花

图109　喷控冬梢促花素后，冬梢全部开花

八、无籽沙糖橘提早和延迟成熟技术

无籽沙糖橘经过近几十年的快速发展，全国种植面积达600多万亩，供果量已经超出了市场的承受力，市场饱和，供大于求，近几年价格暴跌，收购价从原来的6～10元/千克跌至2018年和2019年的2～3元/千克，低于成本价，对果农和无籽沙糖橘产业打击很大。

如何解决无籽沙糖橘的销售问题，是广大果农和产地政府需要解决的难题。提高品质，提早和延迟上市，延长上市时间，能够减少集中上市的压力。对2018年和2019年价格低迷的无籽沙糖橘的市场调查发现，初上市的收购价高达9～10元/千克，与往年初上市的价格相当，随着无籽沙糖橘陆续上市，价格回落，至大量上市时，价格暴跌至2～3元/千克，低于成本价。但我们发现在大量上市前10～15天，价格仍然维持在4～5元/千克的较高水平，这是生产者可以接受的价格。我们可以用提早上市的技术来缓解无籽沙糖橘的销售压力，提早上市不是单纯地喷了着色药就提早采摘，这种只求色泽、不求品质的做法，只会“搬起石头砸自己的脚”，真正提早上市需要解决两个问题：一个是品质要提早达到上市标准，另一个是着色要提早，提早着色和提早上糖要同步，才能达到提早上市的效果。否则果皮提早红了，果肉还是酸的，是没有市场的。

（一）提早成熟技术

1. 提早上糖

采用全营养施肥技术（参考“四、无籽沙糖橘结果树的全营养施肥技术”），在放大暑梢时重施一次全营养撒施肥，9—10月再喷2～3次0.5%的多效叶面肥+0.2%的磷酸二氢钾，能使无籽沙糖橘的果实提早上糖，降酸增甜，品质提早一个月达到常规施肥成熟期的品质标准。

2. 提早着色

无籽沙糖橘的果顶开始转黄，果肉开始着色，口感甜酸时，可以喷着色宝，以将果面、果背喷湿为准。喷后3天果实开始退绿转黄，逐渐由黄转红（图110、图111）。喷一次可提早10天成熟，隔10～15天再喷一次，可提早15天成熟，成熟时果实深红色，色泽比自然成熟的靓。

图110　无籽沙糖橘果实退绿转黄

图111　无籽沙糖橘果实转红

无籽沙糖橘的丰产树，由于结果太多，根系负担过重，吸收的水分、养分供应不上，约有10%的果着色不良，不能上市。喷着色宝后，这些果也能正常着色上市，可增收10%左右（图112）。

图112　无籽沙糖橘喷着色宝效果

（二）延迟成熟技术

无籽沙糖橘正常成熟是在12月中下旬至翌年1月，有不少果农为了卖个好价钱，推迟到春节上市，但果已过熟，出现果皮松软、果肉退糖、不耐贮运等现象。如果遇到低温阴雨，会发生青霉病、绿霉病，烂果严重。延迟成熟的技术，可以延迟1～2个月采收，果不软，不退糖，遇到低温阴雨烂果少，消费者在春节前后仍能吃到原汁原味的无籽沙糖橘，喷控冬梢促花素就可以达到目的。

（1）喷药时间

果实开始着色时（11月上旬）喷效果最好，而着色后喷效果差。

（2）喷药要求

每瓶控冬梢促花素（1 000毫升）加水600千克，以将整株树内外喷湿、喷透为准，只需喷一次，不能喷两次。同时有控冬梢、促进花芽分化、防治青霉病和绿霉病的作用。

九、无籽沙糖橘品质提升技术

“沙糖橘”三个字是有特殊含义的，“沙”是指果皮“起沙”，因果皮的油胞似小沙粒状凸起，手摸有凹凸感，俗称“起沙”，“皮薄起沙”是无籽沙糖橘特有的标志性性状；“糖”是指果肉很甜，像砂糖那么甜，“清甜蜜味，汁多化渣”是无籽沙糖橘的标志性品质；“橘”是指无籽沙糖橘在柑橘品种分类中属于橘，种出来的果应该是“橘”那么大，大了就不值钱，“橘”就成了无籽沙糖橘的品种标志。“正宗无籽沙糖橘”的品质是：中果，色泽鲜红，皮薄起沙，汁多化渣，清甜蜜味，无籽易剥皮。

（一）种出“起沙”的无籽沙糖橘

无籽沙糖橘果皮的“沙”，可分为“起沙”（果皮油胞凸起，手摸有凹凸感）、“平沙”（油胞与果皮持平，手感光滑）、“凹沙”（果皮粗糙，油胞凹陷于果皮中）三种（图113、图114）。“起沙”的程度与果实大小和果皮厚度有关，中小型果（果径5厘米以内），果皮厚度0.1～0.2厘米，皮薄“起沙”为主；大型果（果径5～6厘米），果皮厚度0.3～0.35厘米，“平沙”为主，也有“凹沙”；超大型果（果径6厘米以上），果皮厚度0.35～0.45厘米，“凹沙”为主（图115）。

图113 “起沙”的无籽沙糖橘

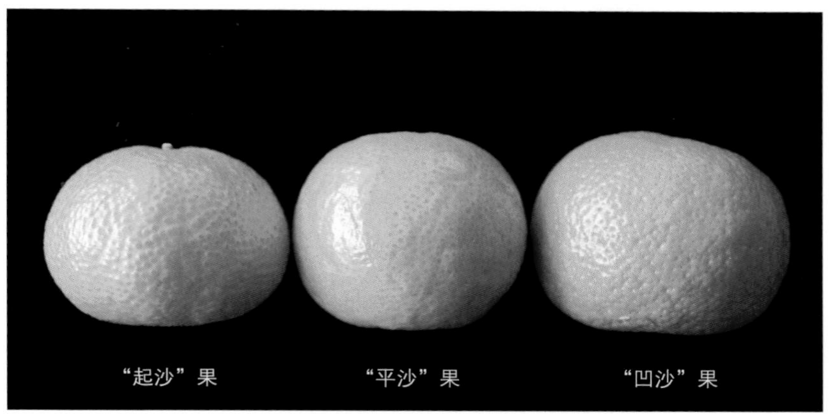

图114　"起沙""平沙""凹沙"果对比

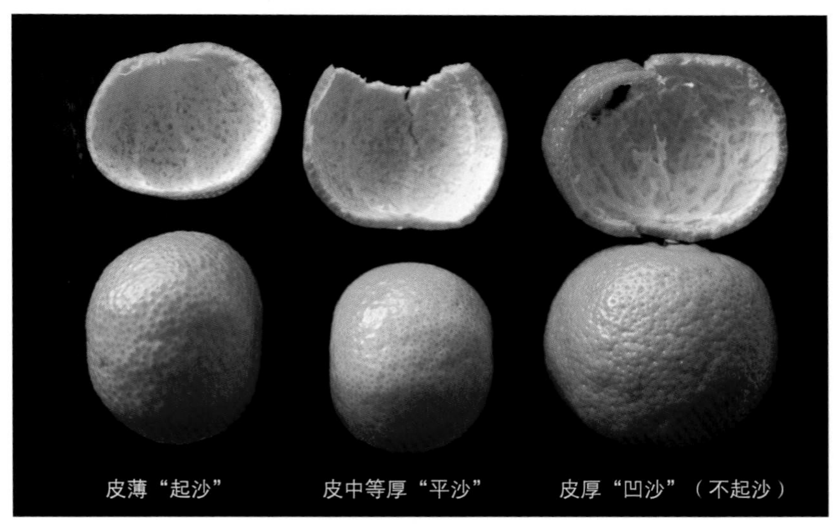

图115　"起沙"的程度与果皮厚度有关

果皮"起沙"程度与植株挂果量有关：丰产树挂果多，结果以中小型果为主，这些果皮薄"起沙"；而结果少的树，果大皮厚，果皮"凹沙"为主，也有"平沙"。果皮"起沙"程度与结果枝的结果量和枝条的强弱有关：同一株树，结果少的粗壮枝，所结的果

果大皮厚，果皮“凹沙”或“平沙”；结果多或枝条弱的结果枝，结中小型果，“皮薄起沙”。果皮“起沙”程度又与肥料有关：偏施氮肥，易结大型果，果皮粗厚，“凹沙”为主；秋后施壮果肥，因果实发育后期养分足，促进果皮发育，易使果实皮厚“凹沙”。

培养“起沙”果的技术措施

①加强果园的各项管理工作，特别是做足保果措施，使植株的结果量达到丰产，结果枝的结果量均衡，这样的植株结的果中小型果多，大果少。

②结合放大暑梢剪去大型果，培育中小型果，同时能培养更多的优良结果母枝。

③9—10月喷一次0.1%的起沙灵，促使果皮油胞增长“起沙”。

④施全营养肥料，各种营养元素配比合理，不偏施氮肥，不施或少施秋后壮果肥，减少大型果和厚皮果（参考“四、无籽沙糖橘结果树的全营养施肥技术”）。

⑤培养长梢结果母枝，促使其结球果，球果都是一级果（参考“六、无籽沙糖橘新型结果母枝培养技术”）。

（二）种出“糖”那么甜的无籽沙糖橘

近年来，市场上出售的无籽沙糖橘的品质参差不齐，有的非常清甜，蜜味浓，汁多化渣，口感好，多吃不厌；有的味酸，无蜜味，口感差；有的味淡，不甜不酸，口感也差。品质差的原因与有的果园采用掠夺性栽培有关：这些果园不施有机肥，只施化肥，肥料配比不合理，无籽沙糖橘缺元素严重；或提早环割环剥保果，使植株结果量超出自身的负载能力，根系负担过重，吸收的肥水供应不上果实所需，出现许多青果。这些果园所结的果实，不是偏酸就是味淡，品质得不到保障。

清甜蜜味、汁多化渣的栽培技术

①增施有机肥，培养发达的根群，增强吸肥的能力，吸收的养分全面，满足果实发育所需，自然能提高品质。

②施全营养肥料，植株生长健壮，叶色浓绿，增强光合作用，使果实增甜早，降酸快，蜜味浓、清甜、汁多、化渣。

（三）种出“橘”那么大的无籽沙糖橘

无籽沙糖橘不像其他柑橘品种要求“大果”，而是要求“中果”，一级果是“橘”那么大的中型果，大了就不值钱。但有些果农把“橘”种成了“柑”，种出许多“大炮果”（大型果），这是因为肥水足、树势壮、结果少和管理不善引致的。解决“大炮果”问题请参考“九、无籽沙糖橘品质提升技术 （一）种出‘起沙’的无籽沙糖橘”。

（四）花皮果的防治

近年来，无籽沙糖橘的花皮果越来越严重，尤其是老果园，因病菌和虫害指数的逐年积累，花皮果逐年增多，有的果园花皮果的比例高达30%～50%，造成严重的损失。

常见的花皮果有10种。有病害引起的花皮：灰霉病花皮、黑点黑斑病花皮、砂皮病花皮和白癞病花皮。有虫害引起的花皮：蓟马花皮、裂爪螨花皮、蚧壳虫花皮、蚜虫粉虱引起的煤烟病果和锈蜘蛛导致的黑皮果。还有药剂导致的花皮：某些杀梢药伤果导致花皮（图116至图125）。

图116　灰霉病为害状

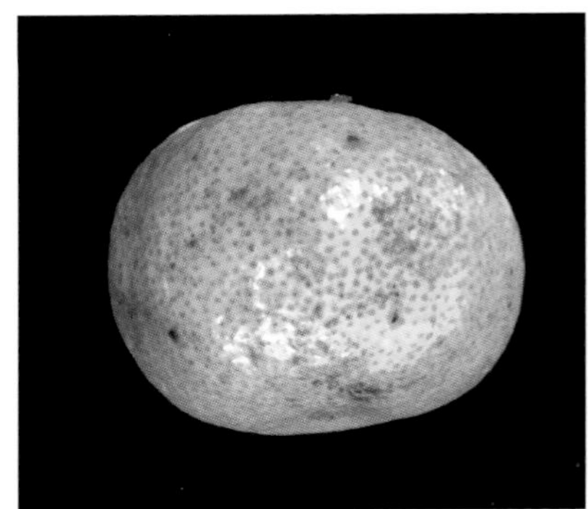
图117　黑斑病果

图118　白癞病花皮

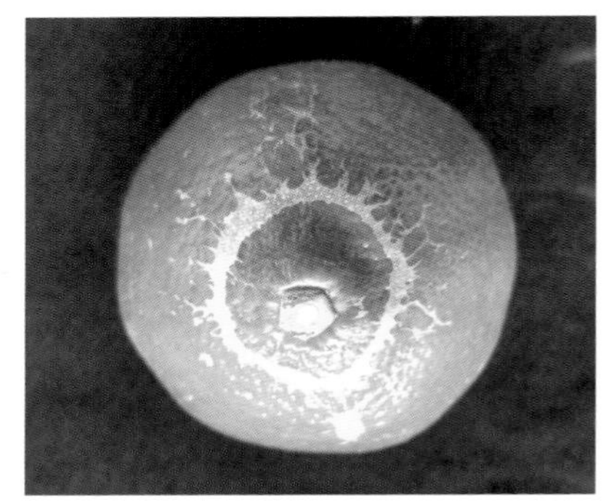
图119　蓟马为害状

图120　裂爪螨为害状

图121　糠片蚧为害状

图122　堆粉蚧诱发煤烟病

图123　锈蜘蛛为害成黑皮果

图124　喷克螨特使果实花皮

图125　某些杀梢药引致花皮

许多花皮果是从幼果期开始的，例如蓟马为害的花皮、灰霉病导致的伤疤状花皮、砂皮病花皮、白癞病花皮。由于果小，为害状微小，往往容易被大家忽视，等到看到病斑时才防治为时已晚。所以，花皮果应从谢花前后及幼果期就加强防治，等到看到为害状（病斑）时才防治是“马后炮”。

红蜘蛛、锈蜘蛛极易产生抗药性，很多“特效药”用多几次变成“无效药”，如果一次防治失效，可能导致满树“罗汉果”。建议采用物理方法即不会产生抗药性的杀虫一号防治比较保险（花皮果的防治参考“十、主要病虫害综合防治技术”）。

十、主要病虫害综合防治技术

无籽沙糖橘的病害很多，但常见的有以下几种：黄龙病、炭疽病、脂点黄斑病、煤烟病、青苔、灰霉病、黑点黑斑病、白癞病和砂皮病等（图126至图130）。主要虫害：红蜘蛛、锈蜘蛛、潜叶蛾、粉虱、木虱、蚜虫、蓟马、尺蠖、卷叶虫和凤蝶幼虫等（图131至图142）。

图126　柑橘黄龙病中后期病树

图127　柑橘炭疽病引致枯柄挂果（僵果）

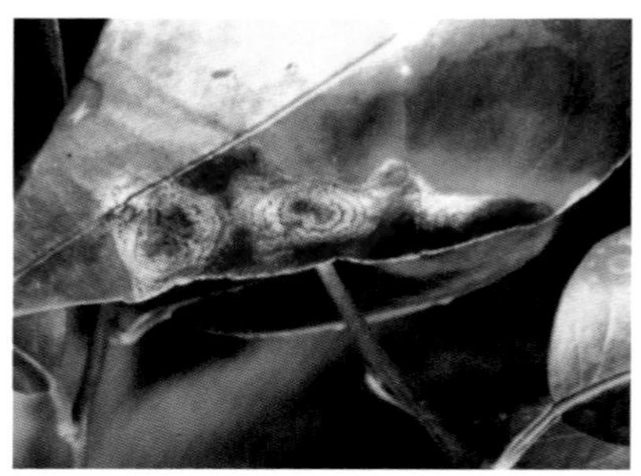

图128　炭疽病叶片的慢性型病斑

图129　脂点黄斑病

图130　柑橘黑斑病的斑点型病果

图131　红蜘蛛成螨（吴洪基提供）

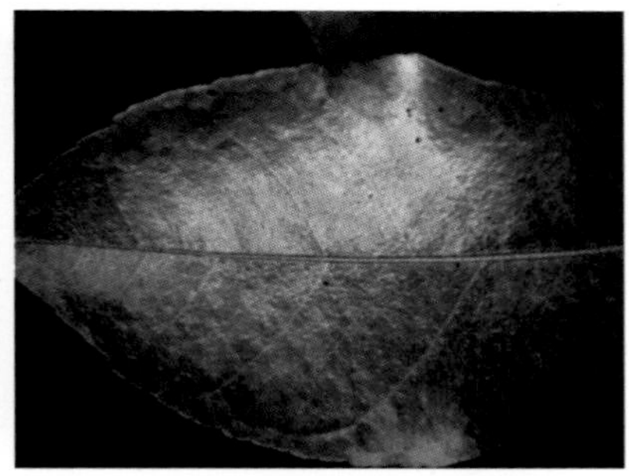
图132　红蜘蛛为害状（灰白色小斑点）

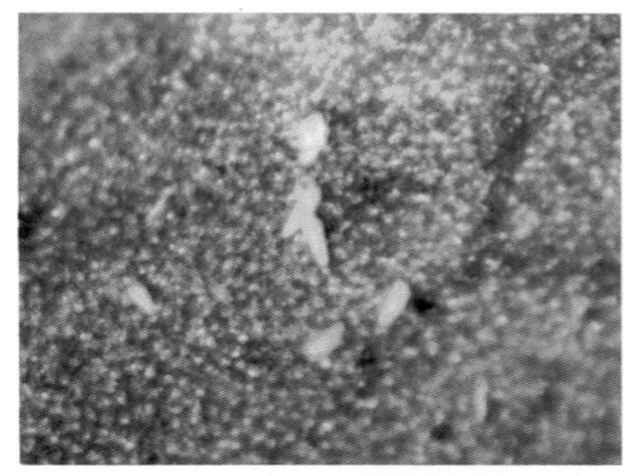
图133　柑橘锈蜘蛛成螨（吴洪基提供）

图134　锈蜘蛛为害状（黑皮果）

图135　柑橘潜叶蛾幼虫及其为害状

图136　柑橘粉虱成虫

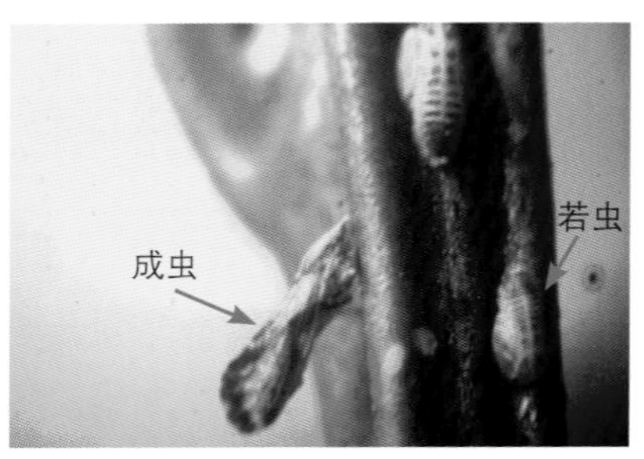

图137　柑橘木虱

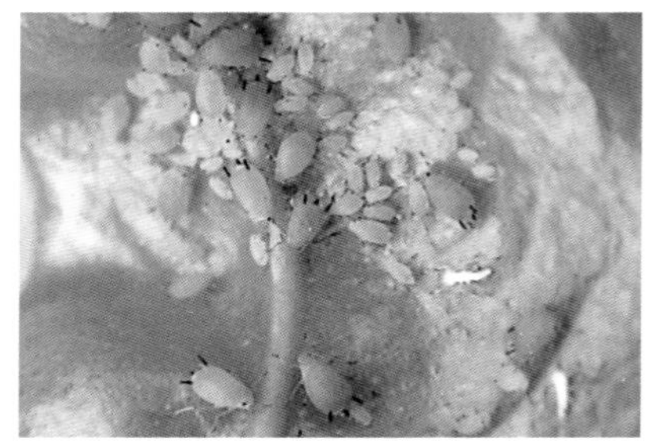
图138　棉蚜及其为害状

图139　橘蚜及其为害状

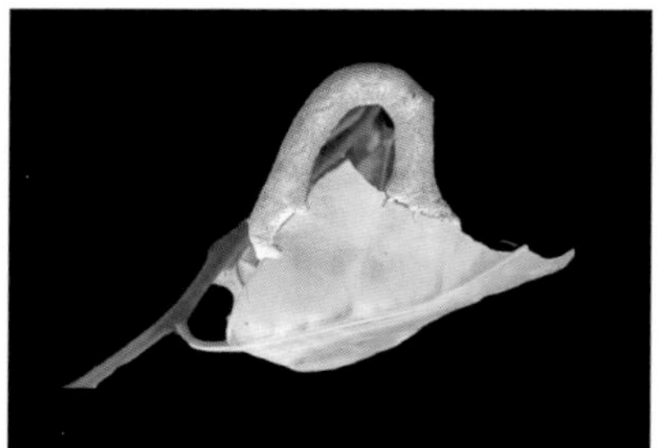
图140　尺蠖为害叶片

图141　卷叶虫为害叶片

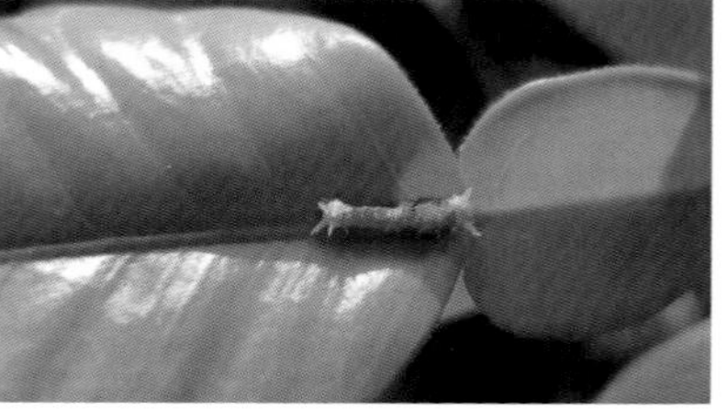
图142　凤蝶幼虫为害叶片

（一）柑橘黄龙病综合防控技术

柑橘黄龙病20世纪30年代在广东潮汕地区已经存在，初发病的柑橘树，大部分新梢能正常转绿，但在树冠顶部有几条或个别新梢不能转绿，表现黄化，潮汕话对黄化的新梢叫“黄龙”，黄龙病因此而得名。

柑橘黄龙病的病原是什么？有的学者认为是病毒，有的学者认为是细菌，有的学者认为是介于病毒和细菌之间的类菌质体。经过长达50年的研究，最后确定为存在于柑橘韧皮部的类细菌。在柑橘育苗时用抗生素获得无病苗，对柑橘黄龙病树注射抗生素能使黄龙病症状消失，可以得到证实。

柑橘黄龙病通过带病的苗木、材料和柑橘木虱传播，随着柑橘产业的发展壮大，黄龙病防控不到位，加快了黄龙病的传播，特别是20世纪中后叶和21世纪初，柑橘产业在广东迅速发展，大家放松了防控工作，柑橘黄龙病如脱缰之马，在柑橘产区肆虐（图143、图144）。典型的例子是广东博罗杨村华侨柑橘场，种植柑橘面积2万多亩，当时是全国甚至亚洲最大的柑橘场，为广东柑橘发挥了样板的作用。但有一段时间将原来由场统一管理的柑橘，分到各家各户管理，改变了管理体制，也放松了柑橘黄龙病的防控工作，只过了几年时间，柑橘黄龙病暴发，达到了失控的状态，最后只能忍痛把2万多亩柑橘树全部挖掉，重新改种。

21世纪初，广东柑橘种植面积400多万亩，由于2008年和2009年恶劣天气的影响，柑橘销售也受到严重的影响，果农倍受打击，许多果园放弃了管理，几年后，全省各地的柑橘产区大面积感染了黄龙病，大量的果园被淘汰，柑橘种植面积骤减，只剩下几十万亩，对果农和柑橘产业打击巨大，影响柑橘产区的社会经济和民生。

图143　柑橘黄龙病为害造成的病残园

图144　大片因黄龙病黄化的果园

1. 柑橘黄龙病的田间症状表现

（1）初期症状

①叶片斑驳型黄化：一株外表看起来生长正常的柑橘树，当新

一轮新梢萌发时，在树冠顶部的新梢大部分能正常转绿，但有部分或个别新梢不能转绿，叶片出现一块黄一块绿的不规则的黄化，这种黄化现象叫斑驳型黄化（图145）。黄化枝的下一级枝条表现正常，没有黄化的症状。叶片斑驳型黄化是柑橘黄龙病的典型症状，常在柚、柠檬、甜橙和柑等类出现（图146至图155）。

图145　黄龙病初发病树的斑驳型黄梢

图146　沙糖橘病叶斑驳型黄化

图147　沙田柚病叶斑驳型黄化

图148　尤力克柠檬病叶斑驳型黄化

图149　红柠檬病叶斑驳型黄化

图150　甜橙病叶斑驳型黄化

图151　贡柑病叶斑驳型黄化

图152　蕉柑病叶斑驳型黄化

图153　佛手柑病叶斑驳型黄化

图154　酒饼簕（东风橘）病叶斑驳型黄化

图155　九里香病叶斑驳型黄化

②叶片均匀黄化：一株外表看起来生长正常的柑橘树，当新一轮新梢萌发时，在树冠顶部的新梢，有一部分或大部分不能转绿，幼树甚至全部新梢都不能转绿，出现叶片均匀黄化现象（图156、图157）。而黄化枝的下一级枝条表现正常，没有黄化症状。根据叶片均匀黄化的程度，可划分为一级、二级和三级均匀黄化。一级均匀黄化的程度最高，使整张叶片像一张黄纸那样，表现高度一致的纯黄

化；二级的黄化程度中等，叶片表现以黄色为主，绿色为次的黄绿色黄化；三级的黄化程度低，叶片表现以绿色为主，黄色为次的绿黄色黄化（图158至图160）。无籽沙糖橘初期发病树常见叶片均匀黄化。

图156　黄龙病初发病树的部分均匀黄化型黄梢

图157　均匀黄化的枝条

图158　一级均匀黄化的纯黄化植株

图159　二级均匀黄化的黄绿色黄化植株

图160　三级均匀黄化的绿黄色黄化植株

③根系正常：初发病的树，大部分枝条仍然是绿色，只有少部分枝条发黄，对植株的生长未产生较大的影响，所以，根系还未出现萎缩和烂根等不正常的现象。

（2）中后期症状

黄龙病树到了中后期，由于病菌的不断积累增多，病菌由初发病枝向其他枝条转移扩散，经过两三年扩散至全株，植株表现出更多的症状。

①斑驳型叶片增多：原来发生在树冠顶部的斑驳型症状，因病菌的增多和扩散，在植株不同部位都出现斑驳型叶片，这种斑驳型症状，一直伴随至树的终身。

②似缺锰、缺锌症状：到了中后期，全株叶片进一步变黄，叶片光合作用减弱，光合产物减少，输导组织被堵塞，根系萎缩和烂根，养分、水分和光合产物运输不畅致使枝梢出现似缺锰、缺锌的花叶症状（图161、图162）。似缺锰、缺锌的症状与生理性缺锰、缺锌的症状有差异：生理性缺锰的叶片是绿中带浅黄色的花叶，叶片变薄，但不会变小；似缺锰、缺锌的叶片明显变小、变硬，为颜色很深的黄绿相间的花叶；似缺锰、缺锌症状同时出现在一片叶上，但生理性缺锰、缺锌症状很少出现在同一片叶上。

图161　黄龙病中后期病树的似缺锰、缺锌状黄梢

图162　黄龙病中后期病树的似缺锰、缺锌、斑驳状黄梢

③红鼻果和青果：到了中后期，结果树的果易出现果蒂部位的果皮红色、果身青绿色的红鼻果，红鼻果是柑橘黄龙病在果实的典型症状表现；由于叶片变黄，根系萎缩腐烂，养分、水分供应失调，黄龙病树出现许多不能转色的青果，这些青果果身软、品质差、食之无味，果农叫“生死果”（图163）。

图163　沙糖橘病树上的青果、红鼻果

④烂根：到了中后期，病树继续黄化，光合产物越来越少，根系得不到养分，因“饥饿”出现萎缩和烂根，病树渐渐枯死。

2. 黄龙病的传播途径

（1）苗木传播

如果把带病的苗木或枝条带到另一个无病区种植或繁殖，这些带病的材料就成了黄龙病的病源，在无病区内，如果有传病昆虫柑橘木虱，病害就会迅速传染，使无病区变成了黄龙病病区。所以，带病的苗木和繁殖材料（如接穗）是传播黄龙病的主要途径之一。

（2）柑橘木虱传病

柑橘木虱（图164、图165）是刺吸式口器昆虫，在柑橘的枝条和叶片上吸取汁液，如果被吸的树上有黄龙病，就把病菌吸入了体内，木虱就带了黄龙病菌，当它飞到另一株健康的树上继续吸食，就把黄龙病菌传到了健康的树上。

图164　黄龙病传病媒介——柑橘木虱成虫（吴洪基提供）

图165　柑橘木虱为害新梢（成虫和若虫）

3. 黄龙病防控上的错误认识

（1）黄龙病恐惧症

有人认为柑橘黄龙病像猪瘟、鸡瘟那样可怕，可以通过空气、水源和人的活动传染，因而患了“黄龙病恐惧症”。其实黄龙病的传染是比较慢的，对一株树来说，从初发病到扩散至全株，再到枯死，需要几年时间；对一个果园来说，从少数植株感病，到全园感染发病，也要经过几年时间。所以，对黄龙病不用害怕，只要防控措施到位，是完全可防可控的。

（2）对黄龙病的误解

有人认为，发生过黄龙病的土地，即使把地上的树全部挖了，但土壤带黄龙病菌，重新种植也会发病，不能再种。其实这是一种误解，原因有两种。

一是有的果农将那些发生黄龙病多年而没有生产价值的病树挖除，在原来的位置补种上一株新苗，老树和新种苗同在一起生长，结果补种的苗一两年后出现黄化，经鉴定为黄龙病。发病的原因有两种：a. 补种的苗是黄龙病苗，种植后必然表现黄龙病症状；b. 补种的是无病苗，但果园中还有带病的树，新种的苗经常萌发新梢，吸引木虱来吸汁液，把病菌传到健康的补种苗上，补种苗也感染上黄龙病。而新树感染病比老树快，枯死快，出现“先种后死，后种先死”的现象。以上两种补种苗发病的原因，果农误认为是土壤带黄龙病菌而发生的黄龙病，不能再种植柑橘。

二是补种的是无病苗，果园无黄龙病源，黄龙病预防控制措施到位，但补种苗同样发黄，生长缓慢，没有黄龙病的症状，果农误认为是黄龙病。其实真正的原因是补种苗时用“旧土”回穴，因为柑橘的根系在生长的过程中会释放出一种“毒素”，柑橘树龄越大在土壤中积累的“毒素”越多，这种“毒素”不利于新苗的根系生

长。所以，新种苗会出现新根少、叶片黄、生长缓慢的现象。果农将土壤中的“毒素”使新种苗叶片发黄、生长缓慢的现象，也误认为是土壤带黄龙病毒而引起的黄龙病，不能再种植。如果新种苗全部改用新土回穴种植，土壤中没有这种“毒素”，根系就会生长活跃，果苗就会生长正常。实践证明：发生过黄龙病的土壤是不带黄龙病菌的，只要把所有的柑橘树彻底清除，种植时用新土回穴，柑橘幼树就会生长正常，所以完全可以在原地继续种植。

（3）黄化树都是黄龙病树

柑橘树出现黄化现象比较普遍，黄化的原因除了黄龙病外，还有许多，例如：积水烂根、肥害烂根、干旱根系萎缩、环割不当烂根、裙腐病烂根、天牛钻蛀枝条烂根、药害、生理性缺元素等都会引起柑橘树黄化，但有不少果农不会识别黄龙病的症状，把上述的黄化全部看成黄龙病，给黄龙病防控带来盲目性。

4. 影响黄龙病防控的几个因素

（1）对待病害的态度

有些果农对有专业人员指出他的果园有黄龙病，患有一种推脱的心态，不承认的态度，认为不是黄龙病，而是积水烂根、肥伤等其他原因引致的黄化，往往错过了最佳防控时机，待黄龙病日积月累地增加，到暴发时才醒悟过来为时已晚。这种现象带有普遍性。

（2）缺乏统一的管理

据调查，规模化种植的果园成本高，赔本的多，赚钱的少。规模小的家庭式果园，成本低，赚钱的多，赔本的少，因此，家庭式果园大量涌现，广东的柑橘都是以家庭式经营为主体。一个连片的有一定规模的果园，一般都是由多个家庭果园组成，管理上各自为政，各管各的；在黄龙病防控上没有统一标准，更没有统一管理，都是各施各法；对柑橘木虱的防治，有的喷药，有的不喷药；对待黄龙病树，有的砍树，有的不砍树；更有甚者，有些果园因为各种原因放弃了管理，成了柑橘木虱的避风港、黄龙病菌的发源地，源源不断地向周围的果园输出木虱和黄龙病菌，加速了周围果园黄龙病的感染和蔓延（图166、图167）。这是广东柑橘黄龙病防控失控、大面积感染的主要原因之一。

图166　黄龙病的田间蔓延现象——发病中心

图167　多家经营的果园，因不能统一防控黄龙病而连片发病黄化

（3）专业知识不足

许多柑橘从业者不能识别黄龙病和柑橘木虱，我们经常到果园指导生产，向果农问及黄龙病在田间怎样识别和柑橘木虱的模样，

许多果农说对黄龙病不会判别，不认识柑橘木虱，这是柑橘黄龙病防控的薄弱环节。

5. 黄龙病的防控技术

（1）必要的行政介入

在黄龙病已广泛分布、普遍存在，而个体经营柑橘园又互相毗邻的情况下，若非通过行政干预，统一组织，筹划大面积同步防治，就不可能有效控制黄龙病的蔓延。用“各自为政”的分散式方法，必然以失败告终。

（2）实行严格检疫

病区、无病区都必须实行检疫，杜绝人为远程传播，防止带病苗木、接穗传入或输出。

（3）种植无病苗

有些果农种植来历不明的种苗，或者种植未经消毒脱毒的普通苗，种植当年就发病，第二、第三年就大暴发，还未投产或投产一两年就全部黄化被淘汰。反观种植无病苗，黄龙病防控措施到位的果园，种植5年黄龙病发病率只有千分之一左右。所以，种植无病苗是黄龙病防控的主要措施之一（图168）。

图168　新植果园要选无病苗种植

（4）柑橘苗上大袋假植，剔除黄龙病苗

我们用柑橘的黄龙病枝条作接穗嫁接，进行观察嫁接苗的发病情况的试验，试验方法是：用带病的枝条嫁接到健康的砧木上，嫁接了23株，对照组也嫁接了23株。试验结果是：病枝嫁接苗和对照苗各成活了20株，用病枝嫁接的苗中，第一次长梢后，其中有12株表现黄龙病的症状，有8株未表现症状，发病率为60%。第二次出新梢时，剩下8株也全部表现黄龙病的症状，两次梢总共发病率为100%。同时又证明，嫁接病枝的试验中黄龙病的潜伏期不到一年。而对照的20株嫁接苗，没有一株出现黄龙病症状，生长正常。

如果将从外面购进的柑橘苗装大袋，集中培育一年，第二年才将大苗种植到大田中，这样可以节省一年的大田管理成本；大苗经过两年的生长表证（苗圃一年，假植一年），如果是黄龙病苗，已经表现症状，可以在种植前把病苗剔除，选健康的苗种植，经过筛选，种植到大田的苗都是健康苗（图169）。

图169　无籽沙糖橘袋装大苗

（5）及时防治柑橘木虱

实验实践证明，柑橘木虱是传播黄龙病的虫媒，防治柑橘木虱是柑橘黄龙病防控的重要措施之一。柑橘木虱有以下特点。

①繁殖系数大：在广东的气候条件下，除了冬季，一年三季都是繁殖期，一年繁衍十几个世代，而且世代重叠，繁殖系数大，给防治工作带来难度。

②通过汁液传病：木虱靠成虫吸取叶片上的汁液传病，其他虫态未通过循回期，不能传病。成虫活动性差，迁飞能力弱，如果被

吸的是病树，成虫的刺吸式口器插入叶片维管束中，在叶片上屁股向上，一动不动地吸取汁液，如果有风吹草动，才飞到旁边的树上继续吸汁液，把病菌传到其他树上。

③容易防治：一般的杀虫剂都能杀死柑橘木虱，要经常巡查果园，特别是新梢期，木虱最喜欢在嫩叶上吸汁液，及时发现，及时喷药［参考“十、主要病虫害综合防治技术 （二）其他病虫害综合防治技术”］。

（6）及时挖除病树

每次新梢转绿后，对果园认真巡查，一经发现黄龙病树及时挖除，清除黄龙病病源，杜绝黄龙病在果园传染（图170）。挖病树前，要先喷药防治柑橘木虱后才挖病树。田间鉴别黄龙病最适宜在秋冬季，因为柑橘的春梢、夏梢、秋梢的几种新梢中，秋梢的黄龙病症状表现最明显，加上秋冬季的干旱、低温和北风的影响，黄龙病的症状更加突出，最易鉴别；春季是最难鉴别的季节，因为病树经过冬季的营养积累，到春季把这些营养释放出来，使原来黄化的枝条“退黄转绿”，出现“起死回生”的假象，黄龙病的症状模糊甚至消失，很难鉴别。但到了夏秋季长出的夏秋梢，又重新表现黄龙病的症状。

图170 只剪病枝不挖病树的错误方法，只会留下更大的隐患

6. 烂根和缺元素与黄龙病的区分

（1）烂根与黄龙病的区分

柑橘烂根往往由多种因素导致，如积水、肥害、干旱、环割过重、天牛幼虫为害和裙腐病等引起的烂根，这些烂根现象，叶片都表现黄化（图171、图172），与黄龙病的症状相似，但认真对比，就很容易区分（表1）。

表1　烂根与黄龙病的区别

黄化类别	叶片症状	植株症状
烂根	初发病的树只是主脉黄化；到中期主脉和侧脉一齐黄化；后期主侧脉颜色加深，靠近叶脉周围的叶肉也黄化，而且逐渐加深成金黄色。	植株由下往上黄化，或整株上下一齐黄化，叶片只表现叶脉黄化的单一黄化，结果树没有红鼻果。
黄龙病	叶片表现斑驳型黄化；均匀黄化；似缺锰、缺锌等多种黄化症状。叶片均匀黄化的主脉是一下子就黄化，没有如烂根那样的叶脉有逐渐黄化的过程。	初期只是树顶黄化，树顶以下枝叶正常。中后期全株出现斑驳，似缺锰、缺锌的花叶，结果树有红鼻果。

图171　烂根引起的叶片黄化

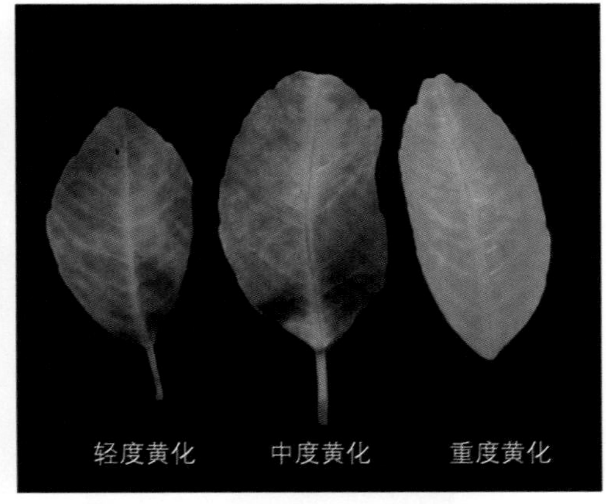

图172　烂根引起叶片不同程度的黄化

（2）缺元素与黄龙病区分

生理性缺镁、缺锌、缺锰、缺钾和缺钙的叶片黄化与黄龙病的症状相似（图173至图177），但认真观察对比，也很容易区分（表2）。

表2 缺元素与黄龙病的区分

黄化类别	叶片症状	植株症状
黄龙病	叶片表现斑驳型黄化；均匀黄化；似缺锰、缺锌等多种黄化症状。叶片均匀黄化的主脉是一下子就黄化，没有如烂根那样的叶脉有逐渐黄化的过程。	初期只是树顶黄化，树顶以下枝叶正常。中后期全株出现斑驳，似缺锰、缺锌的花叶，结果树有红鼻果。
缺镁	老叶、结果母枝和结果枝的叶片中脉两侧呈现肋骨状黄色区域，叶缘和叶尖仍保持绿色，叶的基部有一个倒三角形的绿色区，遇到冬季干旱落叶严重。	当植株出现缺镁时，老叶的镁转移到新叶，所以只是老叶和结果枝出现缺镁的症状，而新叶不会出现缺镁症状。
缺锌	缺锌典型的症状是叶变硬、变小，叶片呈黄绿相间的花叶。	果实变小，易落花落蕾，畸形花多，坐果率低。
缺锰	叶片呈浅绿黄色网状花叶，叶片变薄，大小正常。	
缺钾	老叶上部的叶尖和叶缘先开始黄化，并逐渐向下扩展，叶片皱缩，新梢短而纤弱。	果小，皮薄易裂果，抗病和抗旱能力降低。
缺钙	在春梢新叶上部叶缘、叶尖发黄，叶片窄呈狭长畸形，早落叶，坐果率低。	

图173 缺镁叶片

图174　缺锌叶片

图175　缺锰叶片

图176　缺钾叶片

图177　缺钙叶片

（二）其他病虫害综合防治技术

除柑橘黄龙病外的病虫害综合防治工作措施如下。

1. 冬季清园

收果后各喷一次杀虫一号和杀菌一号，清除残留在树上的病虫害，减少病虫害的越冬基数，对下一年的病虫害防治有事半功倍的作用（图178）。

图178　冬季喷药清园

2. 开花前的病虫害防治工作

春暖花开，大地回春，许多病虫害开始繁衍生息，必须抓紧防治，可以减少当年病虫害的发生量。春梢生长和花蕾膨大期各喷一次杀虫一号和杀菌一号。主要病害防治：炭疽病、脂点黄斑病和砂皮病。主要虫害防治：红蜘蛛、锈蜘蛛、木虱、粉虱、蚜虫、花蕾蛆和蓟马等。

3. 谢花后幼果期的病虫害防治

谢花后有为害幼果的灰霉病、砂皮病、黑点黑斑病和白癞病，会引致花皮；还有木虱传播黄龙病，粉虱、蚜虫和蓟马大量繁衍，影响枝梢生长和果实发育，发生煤烟病等。谢花后即喷一次杀菌一号和杀虫一号，隔15天喷第二次。

4. 果实膨大期及大暑梢的病虫害防治

5—7月已进入高温期，延续幼果期的病虫害，锈蜘蛛、裂爪螨开始繁衍，为害果实成黑皮果。要经常巡查果园，发现病虫害及时防治，原则上每个月喷一次杀虫一号；大暑梢萌发长至3～5厘米时喷一次杀虫一号，隔7～10天再喷一次。

5. 秋季至采收前的病虫害防治

秋冬季是红蜘蛛、锈蜘蛛和裂爪螨高发期，木虱、粉虱、蚜虫延续发生，黑点黑斑病、砂皮病和白癞病为害果实，脂点黄斑病、炭疽病继续为害叶片，所以要经常巡查，发现病虫害及时防治，每月喷一次杀虫一号，严重时要加喷。采收前一个月停止喷药。

参 考 文 献

甘廉生，唐小浪，2013．广东柑橘志［M］．广州：广东科技出版社．

刘和平，张芳文，2006．无籽沙糖橘早结丰产栽培［M］．广州：广东科技出版社．

罗志达，叶自行，许建楷，等，2009．柑橘黄龙病的田间诊断方法［J］．广东农业科学（3）：91–93．

罗志达，叶自行，许建楷，等，2012．柑橘黄龙病田间诊断与综合防控技术图说［M］．广州：广东科技出版社．

吴定尧，2010．柑橘黄龙病及综合防治［M］．广州：广东科技出版社．

叶自行，胡桂兵，罗志达，等，2010．无籽沙糖橘低投入高效益栽培技术图说［M］．广州：广东科技出版社．

叶自行，胡桂兵，许建楷，等，2007．无籽沙糖橘优质丰产栽培管理技术［J］．中国热带农业（2）：60–61．

叶自行，胡桂兵，许建楷，等，2008a．无籽沙糖橘促花技术［J］．中国热带农业（5）：54–56．

叶自行，胡桂兵，许建楷，等，2008b．无籽沙糖橘放秋梢技术［J］．广东农业科学（11）：122–123．

叶自行，胡桂兵，许建楷，等，2008c．无籽沙糖橘控夏梢技术［J］．中国热带农业（3）：61–62．

叶自行，胡桂兵，许建楷，等，2009．无籽沙糖橘落果原因及保果技术［J］．中国南方果树，38（1）：28–30．

叶自行，胡桂兵，许建楷，2010．无籽沙糖橘高效栽培新技术［M］．北京：中国农业出版社．

叶自行，林芳源，李学辉，等，2021．茶枝柑分期采摘栽培技术［J］．农家科技（11）：33–35．

叶自行，曾泰，许建楷，等，2006．无籽沙糖橘（十月橘）的选育［J］．果树学报，23（1）：149–150．

附录1　栽培管理月历

无籽沙糖橘结果树栽培管理月历见附表1。

附表1　无籽沙糖橘结果树栽培管理月历

月份	栽培管理	病虫害防治
1	①继续采收；②上旬对酸橘砧无籽沙糖橘环割促花；③修剪；④清园；⑤施有机肥和全营养撒施肥（配方A），培养新根，恢复树势；⑥挖黄龙病树。	清除越冬的病虫害，减少病虫害基数，有利于下一年的病虫害防治。防治对象：红蜘蛛、锈蜘蛛、粉虱、蚜虫、蓟马等虫源及真菌、细菌病源，各喷一次杀虫一号和杀菌一号。
2	春梢萌发和现蕾期：淋一次加熟石灰的全营养淋施肥（配方1），调节土壤酸碱度，可迅速恢复树势，促进根系生长，壮梢壮花。	继续防治残留的病虫害：木虱、粉虱、蚜虫、蓟马、红蜘蛛和锈蜘蛛；灰霉病、黑点黑斑病、脂点黄斑病、炭疽病和白癞病等。各喷一次杀虫一号和杀菌一号。
3	开花和谢花期，春梢生长期：①3月上旬撒施一次全营养撒施肥（配方B），促进春梢生长和幼果转绿；②3月下旬谢花时第一次喷药保果。	开花期间不宜喷药，待3月底谢花时防止幼果花皮各喷一次杀虫一号和杀菌一号，同时可以护春梢。
4	幼果膨大、春梢转绿和夏梢初发期：①4月中旬第二次喷药保果；②以肥控梢，不施壮果肥，防止大量萌发夏梢；③4月底，壮树开始萌发夏梢，喷控梢素控梢；④雨季开始，开沟排水，防止积水烂根。	4月是病虫为害幼果，导致花皮果大量发生期，要特别注意，加强防治，各喷一次杀虫一号和杀菌一号。
5	第二次生理落果期，夏梢萌发高峰期：①春梢转绿，进行环剥环割保果；②喷控梢素控制夏梢；③加强保果，增多果量，以果控梢。	继续防治导致幼果花皮的病虫害；防止红蜘蛛转移到春梢。喷一次杀虫一号。
6	进入高温期，幼果迅速膨大，易萌发夏梢：①对酸橘砧无籽沙糖橘进行第二次环剥；②观察第二次控梢效果，有必要时喷第二次控梢素；③果径达到2厘米时，可以以梢控梢；④对未愈合的环剥口进行包扎，促进愈合。	锈蜘蛛和裂爪螨开始繁衍，白癞病、黑点黑斑病、脂点黄斑病继续为害；喷一次杀虫一号。

续表

月份	栽培管理	病虫害防治
7	进入最高温季节，幼果膨大快，夏梢生长最快，潜叶蛾不产卵：①7月上中旬施一次全营养撒施肥（配方C）；②7月下旬果径达到2.5厘米时，可以放大暑梢，采用不修剪的方法让其在上一次梢上延长成为长梢结果母枝。	喷两次杀虫一号保梢护果：当大暑梢长至3～5厘米喷第一次，隔7～10天喷第二次。
8	大暑梢转绿期。	
9	旺树和结果少的树会萌发晚秋梢：①不修剪，顺其自然在大暑梢上延长为更长的长梢结果母枝；②适量补施一次全营养撒施肥（配方B），促进新梢生长，加快转绿。	红蜘蛛、锈蜘蛛和裂爪螨高峰期，潜叶蛾、木虱、蚜虫高峰期，黑点黑斑病、脂点黄斑病、砂皮病和白癞病持续发生，秋梢5厘米长时喷一次杀虫一号，隔7～10天喷第二次。
10	秋梢转绿期，果实膨大减缓，结果枝开始下垂：①喷一次0.1%的“起沙灵”，促进果皮“起沙”；②用竹木撑果，防止果实垂地。	红蜘蛛、锈蜘蛛高峰期，木虱、蚜虫高峰期，炭疽病开始感染果实；喷一次杀虫一号。
11	果实开始着色，花芽开始分化高峰，冬梢开始发生：①喷着色宝可提前10～15天成熟；②喷促花药，促进花芽分化；③有冬梢的果园喷控冬梢促花素，冬梢也能成花；④喷控冬梢促花素可使果实延迟1～2个月成熟；⑤对黄龙病树做识别，收果后立即挖除；⑥遇干旱天气，每隔10～15天灌一次水。	继续10月的工作，喷一次杀虫一号。有炭疽病果的果园，喷一次控冬梢促花素防止落果。
12	果实成熟进入采收期：①采收前用高压枪全面洗果，将残留在果面的污渍洗尽；②停止灌水保证品质。	停止喷药，减少残留。

附录2 杀虫一号和杀菌一号

适合柑橘病虫害综合防治的杀虫一号和杀菌一号，毒性低，成本低，无抗药性，污染少，较环保。一个配方就可防治柑橘常见的病虫害，不用换药，免去病虫害防治中常年配备很多种农药的烦恼，并且有增效作用，所以可节省50%的农药成本。经过几年的试验推广，受到果农们的欢迎。

1. 无抗药性廉价杀虫一号

无抗药性防治红蜘蛛、锈蜘蛛特效配方：0.5千克柴油+0.5千克洗衣粉+125千克水+按虫情需要添加其他农药［例如噻虫嗪、高效氯氟氰菊酯、吡虫啉、克蛾宝（辛硫磷），选其中之一］，可以防治柑橘常见的害虫。若再加上杀菌剂，如25%吡唑醚菌酯、代森锰锌、多菌灵等（选其中之一），可兼治柑橘除溃疡病外的常见病害，病虫害一齐防治。

稀释方法：先用15千克水加0.5千克洗衣粉，洗衣粉溶于水后，再加0.5千克柴油，用力搅拌5分钟，待柴油被洗衣粉完全乳化后（看不见柴油浮面），再加足125千克水（注意：要加足125千克水后才搅拌，不能一边加水一边搅拌，否则表面全是泡沫），最后根据虫情添加需要的农药。这个配方乳化后，喷到害虫身上会形成一层膜，将害虫包裹，封闭了害虫的气孔，使害虫窒息死亡，这是物理杀虫，害虫不能产生抗药性。乳化后的杀虫一号是一种很好的增效剂，所以在添加其他农药时，用量可以减少30%～50%（例如某种农药平时使用1 000倍液，添加到杀虫一号可以用1 500～2 000倍液）。

使用方法：单一的杀虫一号，对红蜘蛛、锈蜘蛛、蚜虫和木虱有特效，而且不会产生抗药性，没有农药残留；加其他农药可以兼

杀柑橘常见的其他病虫害（可以防治除溃疡病外的常见病害）。

2. 杀菌一号

杀菌一号配方：50千克水+0.15千克多效叶面肥+0.25千克熟石灰+0.1千克氢氧化铜。

稀释方法：先用少量水加进熟石灰，用力搅拌，分多次稀释熟石灰，过滤除渣，防止熟石灰渣堵塞喷头。边加水边放入多效叶面肥，最后放入氢氧化铜。要边喷洒边搅拌，防止熟石灰沉淀。

多效叶面肥与熟石灰混合后，会产生较强的杀菌作用，再加上强效杀菌剂氢氧化铜，杀菌效果更强。可以防治柑橘常见的病害：溃疡病、炭疽病、黑点黑斑病、白癞病、脂点黄斑病、砂皮病、青苔和煤烟病等，尤其对溃疡病防治效果较好（附图1至附图3）。

附图1　用杀虫一号前锈蜘蛛多

附图2　左为用杀虫一号3天后没有锈蜘蛛，右为对照果

附图3　喷杀菌一号后，溃疡病不再传染至新叶